한 평범한 사람의 7대륙 최고봉 등정기

남산에서 에베레스트까지

높산에서
에베레스트까지

초판 1쇄 2022년 10월 5일

지은이   이성인
펴낸이   김종해
펴낸곳   문학세계사

주소   서울시 마포구 신수로 59-1 (04087)
대표전화   02-702-1800
팩시밀리   02-702-0084
이메일   mail@msp21.co.kr
홈페이지   www.msp21.co.kr
페이스북   www.facebook.com/munsebooks
출판등록   제21-108호.(1979. 5. 16)

값 19,500원
ISBN 978-89-7075-168-9 (03980)
ⓒ 이성인, 2022

한 평범한 사람의 7대륙 최고봉 등정기

높은산에서
에베레스트까지

이 성 인 지음

문학세계사

차례

세 번째로 오르는 7대륙 최고봉

오랜 세월 까맣게 잊고 살다가 어떤 계기로 하여 생생하게 되살아나는 추억이 있다. 코로나 팬데믹으로 꼼짝없이 집안에 갇히게 되자 산행 욕구는 더 간절해졌다. 어쩔 수 없이 나는 산을 올라야 했다. 이번에는 다른 방식으로, 글로써 오르는 산이다. 내가 오른 7대륙 최고봉 산행기를 써 보기로 작심한 것이다. 애초에 계획하지 않았던 일이다. 생각대로, 아니 생각보다 더 어려웠다. 얼추 초고가 완성될 즈음, 불현듯 내 생애 최초의 산행이 떠올랐다. 남산.

7살 때 엄마 손을 잡고 남산²⁶²ᵐ을 올랐다. 6·25 전쟁의 상흔이 가시지 않은 1954년 어느 봄날이었다. 그때 내 가슴이 어떻게 두근거렸는지는 기억나지 않지만 내 눈에 각인된 한강과 인왕산, 서울 전경은 어제 본 것처럼 생생하다. 그런데 어떻게 지금까지 까맣게 잊고 살 수 있었을까. 하지만 놀랍게도 이 글을 쓰면서 남산이 떠오르자 한순간에 남산에서 에베레스트까지의 내 삶이 압축적으로 펼쳐졌다. 내 삶의 거의 전부가 거기 있었다.

'인생'에 대한 비유로 '여행'만큼 무난하면서도 탁월한 단어는 드물 것이다. 지나고 보니 내 인생은 '남산에서 에베레스트까지의 여행'이었다. 인생이라는 여행은 우연이라는 작은 점으로 이어지는 선이다. 나의 여정에서 대부분의 터

닝 포인트는 우연히 찾아왔고, 고난과 좌절이 끊이지 않았지만 늘 그만큼의 행
운이 따랐다. 거의 통제 가능한 경로만으로 이루어진 패키지 관광 같은 인생은
없다. 나의 여행은 그런대로 성공적이었다. 화려하진 않지만 누더기도 아니다.

　내 인생은 크게 세 단락으로 짜였다. 첫 번째는 태어나고 자라서 그럭저럭 사
람 구실을 하게 된 조국에서의 31년, 두 번째는 미국 이민 생활 시작과 함께 오
직 일만 하고 산 21년, 세 번째는 조기 은퇴 후 산을 찾아 떠돈 23년이다. 이 산
행기는 세 번째 단락의 한 부분인 7대륙 최고봉 등정을 중심으로 하였다.

　한 번 오르고 마는 산은 없다. 먼저 준비 단계에서 자료나 산행기를 섭렵하
며 지도를 통해 산을 오르게 된다. 가슴이 터질 듯 숨이 차거나 갈증에 시달리
는 산행은 아니다. 하지만 '인 도어 클라이밍'이라는 말을 만들어 쓰는 것에서
알 수 있듯이, 그 자체만으로 즐거운 일이기도 하지만 어느 정도의 전문성이나
장기간을 요구하는 산행에서는 필수적 과정이다. 실제 산행 후에도—뜻한 바
대로 됐든 그렇지 않든—다시 그 산을 오르게 된다. 다양한 형태의 되새김이다.
등반 보고서나 산행기, 그리고 회상. 무시로 떠오르는 어떤 기억들은 생이 다할
때까지 계속된다. 이 책은 나의 7대륙 최고봉 등정기이자 세 번째로 오르는 7대
류 최고봉 산행이다.

　글로써 오르는 산행 역시 쉽지 않았다. 글쓰기의 어려움이야 익히 아는 바,
새삼 거론할 일은 아니다. 첫 녹석시인 킬리만사토글 오른 지는 15년이 디 지있
지만 기억에 대해서는 크게 걱정하지 않았다. 「산행일기」가 있기도 했지만 애
당초 나는 통조림처럼 밀봉된 기억을 풀어 놓기 위해 산행기를 쓰려던 게 아니

기 때문이다. 인간의 기억이라는 것도 그렇다. 같은 일을 겪은 여러 사람의 기억이 저마다 다르고, 어제 일조차 오늘과 내일 다르게 느껴진다. 의도와 무관하게 기억은 거짓말을 하기도 한다. 산행기를 쓰면서 정작 문제가 된 것은 기억이 아니라 감정이었다. 정확히 말하자면, 어떤 기억에 대한 당시와 지금의 감정이 편차를 보일 때, 적이 당혹스러웠다. 기억의 왜곡일까, 아니면 감정의 장난일까. 최대한 솔직하려는 나의 의도가 무산되는 건 아닌지 께름칙했지만 조금씩 써 나갔다. 그러면서 알게 됐다. 내가 행하는 세 번째 산행은 단순히 산행을 복기하는 것이 아니었다. 감정의 편차를 그대로 받아들이기로 했다. 그렇게 새로운 관점에서 다시 산을 올랐고 당시에는 무심코 스쳐 보냈던 일들에 대해서 새로운 의미를 발견하기도 했다. 오해하고 있었던 것들에 대해서도 바로잡을 수 있었다. 나의 세 번째 산행은 그 자체로 독립적이었으며 실제 산행의 의미를 확장시켜 주었다.

나는 '여행 같은 산행'을 7대륙 최고봉 등정의 모토로 삼았다. 사실상 반쯤만 가능한 일이다. 에베레스트 같은 산을 여행 삼아 오를 수는 없다. 하지만 인생이라는 긴 여행에서 몇 순간은 지독히 괴로울 수밖에 없다. 즐거움만으로 채워지는 여행은 상상으로만 가능하다.

나는 프로 산악인이 아니다. 애당초 명예와 그에 따르는 금전적 보상 같은 트로피는 관심 밖이다. 나는 아마추어리즘에 충실하기로 했다. 프로 마인드로 무장할 생각 같은 건 없었다. 어차피 나의 최대 자산은 무모함이었다. 나는 나의 무모함을 다소 과장되게 인식했고, 주위로부터 도움받기를 주저하지 않았다. 나는 그 도움이 허사가 되게 하지 않았다. 인내와 끈기만큼은 누구에게도 밀리지 않을 자신이 있었다.

산을 오르는 행위를 일컫는 말로 '등산'과 '등반'이 대표적이지만 나는 '산행'이라는 말을 선호한다. 이에 대해 약간의 해명이 필요할 것 같다. 영어권에서는 하이킹, 클라이밍, 트레킹, 마운티니어링 같은 말을 쓰는데 의미의 차이가 선명하다. 이에 비해 등산과 등반은 의미 변별이 그렇게 뚜렷하지는 않지만 암벽 등반, 빙벽 등반과 같은 용례에서 보듯이 어느 정도의 전문 기술과 장비를 요구하는 행위를 등산과 구분하여 등반이라 하는 모양이다. 나는 이런 차이보다는 행위 주체의 관점에서 등산과 등반을 이해한다. 등산은 '산'에, 등반은 '사람'에 방점을 둔 용어라는 얘기다. 그래서 나는 산과 사람을 수평적으로 포괄하는 '산행'이라는 말을 선택했다. 나는 산행이라는 말이 좋다. 어깨에 힘이 들어간 말이 아니어서 더 그렇다.

이제 마무리를 해야 할 것 같다. 내가 7대륙 최고봉을 오르고 얻은 가장 큰 소득은 '제8대륙', 아니 세상 어느 곳과도 견줄 수 없는 정상을 발견했다는 것이다. 집. 내 삶의 원천이자 세상을 가장 멀리 넓게 보게 하는 곳이다. 그런 의미에서 내 산행의 최고 파트너는 아내였다. 7대륙 최고봉 등정을 계기로 나의 손주들이 할아버지를 추억할 또 하나의 고리를 만들었다는 점은 덤이다. 이것으로 족하다. 마지막으로 욕심 하나만 덧붙이자면, 이 책이 산을 좋아하는 사람들과 나누는 진솔한 대화였으면 좋겠다는 것이다.

2022년 가을 이성인

킬리만자로
Killimanjaro
5,895m

하얀 산,
검은 눈물

여럿이 함께 춤을 추다 보면 절망에 빠지지 않는다.
아프리카 격언

검은 대륙의 하얀 산, 킬리만자로. 정상 우후루 피크의 높이는 5,895m. 아프리카 대륙의 최고봉이다. 탄자니아의 북쪽에서 살짝 동쪽으로 치우친 곳에 자리한 이 산 북쪽 끝자락은 케냐와 국경을 이룬다. 킬리만자로는 스와힐리어로 '빛나는 산' 또는 '하얀 산'이라는 뜻이다. 광활한 평원 위로 솟구친, 지구에서 가장 큰 휴화산의 산정에 하얀 눈으로 빛을 쌓아 올린 산.

킬리만자로는 유럽을 통해 세상에 알려졌다. 1848년, 독일 선교사 요하네스 레브만과 루트비히 크라프가 유럽인으로는 최초로 킬리만자로의 존재를 세상에 알렸다. 하지만 아무도 그들의 말을 믿으려 하지 않았다. 적도 지역—남위 3도—에 만년설로 덮인 산이라니. 당시 유럽인들의 과학적 상식으로는 지극히 비현실적이었다. 하지만 그들의 상식은 그리 과학적이지 못했다. 높이를 간과한 것이다. 그들도 그것이 조금 걸렸던 것 같다. 1889년 독일 지리학자 한스 마이어와 오스트리아 산악인 루트비히 푸르첼러, 지역 가이드 요나스 로우와가 킬리만자로 정상에 올랐다. 그들이 발을 딛고 선 곳은 하얀 눈이었다.

킬리만자로는 수백만 년 동안 이 산 아래서 살았던 사람들에게도 비현실적이었던 모양이다. 킬리만자로의 그늘에 사는 마사이족은 이 산을 '누가예 누가이' 즉 '신의 집'이라 불렀다. 그 말이 귀 밝은 한 작가의 가슴에 들어왔다. 헤밍웨이가 1936년에 《에스콰이어》지에 발표한 소설 「킬리만자로의 눈」은 이렇게 시작한다.

"킬리만자로는 높이 19,710피트의 눈 덮인 산으로 아프리카 대륙의 최고봉이다. 서쪽 봉우리는 마사이족 말로 '누가예 누가이' 즉, '신의 집'이라 불린다. 그 근처에 표범 한 마리가 말라 죽어 있다. 표범이 왜 그 높은 곳에 올랐는지는 아무도 모른다."

7대륙 최고봉을 향한 첫 걸음

'여행 같은 산행.' 7대륙 최고봉 등정을 결심하면서 나 자신에게 다짐받듯 내건 슬로건이다. 죽기 살기로 오르지 말고, 여행하듯 즐겁게 오르자는 것이다. 물론 세계 최고봉인 에베레스트 같은 산을 여행하듯 오른다는 것은 언어도단이다. 이 점에 대해서 나는 이렇게 말할 수밖에 없다. 여행이라 해서 마냥 즐겁기만 할까. 나에게 여행이란, 집을 나와 다시 집으로 돌아가기까지의 모든 과정을 말한다. 아무튼 지나치게 심각하지 말고, 거창한 의미 부여도 하지 말고, 가능하면 즐겁게 산을 오르자는 것이다.

킬리만자로를 첫 목적지로 정하기까지 길게 고민할 필요는 없었다. 두 가지 이유에서였다. 첫째, 아주 힘들지 않을 것이라는 점이다. 쉽게 말해서 난도가 아주 높지 않고 춥지 않다. 당연히 성공 가능성도 높을 것 같았다. 아마추어인 내가 처음부터 에베레스트를 오를 수는 없는 노릇이다. 둘째, 재미있을 것 같았다. 여행을 좋아하는 내게 킬리만자로는 매력이 넘쳐 보였다. 세렝게티와 응고롱고로 사파리, 잠베이지강의 석양과 빅토리아 폭포 같은 곳들은 이름만으로도 아프리카의 사바나 속으로 나를 데리고 갔다.

7대륙 최고봉 가운데 킬리만자로만 등반 난도가 낮은 건 아니다. 크게 둘로 나누자면 빈슨4,892m, 남극, 엘브루스5,642m, 유럽, 칼스텐츠4,884m, 오세아니아는 쉬운 편에 들고, 아콩카과6,962m, 남아메리카, 에베레스트8,848m, 아시아, 디날리옛 이름 매킨리, 6,194m, 북아메리카는 그 반대다. 이들 가운데 나의 모토대로 여행하듯—잘 먹고, 잘 자고, 잘 보면서—오를 수 있는 최적의 산은 킬리만자로였다. 그래서 킬리만자로는 나의 7대륙 최고봉 등정에서 첫 번째 산이 되었다.

킬리만자로는 쉬운 산?

과연 킬리만자로는 쉬운 산일까? 개인차가 크기 때문에 단정하기는 어렵다. 질문을 바꾸어 보자. 사람들은 왜 킬리만자로를 쉽게 생각할까? 이 질문에 대한 대답은 충분하다. 적도 부근이어서 덜 춥고, 같은 높이라면 고위도에서보다 상대적으로 고소증이 약하다. 눈사태나 크레바스 같은 위험 요인이 없다. 특별한 등반 기술 없이 오를 수 있다. 이런 요소들을 합쳐 보면, 킬리만자로는 아마추어들이 오를 수 있는 상한선의 산이라는 판단에 이르게 된다. 실제로 그럴까? 반만 진실이다. 킬리만자로 등정 성공률은 50% 남짓이다. 만만히 여기다가 낭패를 본 사람들이 50%라는 얘기다.

세상에 쉬운 산이 있을까. 동네 뒷동산도 오르기 어려울 때가 있다. 어떨 땐 뒷마당 장독대 오르기도 쉽지 않다. 물론 킬리만자로를 뒷동산이나 장독대에 비할 수는 없다. 하지만 우리는 심신의 상태에 따라 계단 하나도 태산처럼 다가오는 경험을 종종 한다. 쉬운 산은 없다.

"해브 펀" vs "조심해!"

산에 간다고 하면, 미국인이나 유럽인은 "해브 펀Have fun!", "엔조이 잇Enjoy it." 대부분 이렇게 말한다. 한국인은 어떨까. "조심해, 잘 갔다 와!" 내 아내가 늘 하는 말이다. 내 경험에 비춰 보면, 대부분 한국인의 반응도 크게 다르지 않다. 산행에 대한 서양인과 한국인의 반응은 이렇듯 다르다. 서양인은 산행을 즐겁고 재미있는 일로 인식한다. 한국인은 힘들다고 여긴다.

산행에 대한 태도에서 한국인과 서양인의 공통점이 없는 건 아니다. 산길을 걷다가 사람을 만나면 서양인은 "하이!", 한국인은 "안녕하세요!" 하고 인사한다. 산을 걷고 있다는 공통점 하나만으로 서로를 환대하는 것이다. 산이 우리에게 미치는 커다란 힘 가운데 하나다.

한국은 국토의 65% 정도가 산지인 나라다. 전 국민이 산악인이라고 할 정도로 산을 사랑한다. 그런데도 산행을 힘들고 조심해야 할 대상으로 여긴다. 여기에는 신앙에 가까울 정도로 산을 경외하는 오랜 전통의 영향도 없지 않을 것이다. 그렇다 해도 다시 생각해 볼 일이다. 사랑을 조심하고, 조심하면서 할 수는 없지 않은가. 아귀가 맞지 않는다. 한편으론 언어 관습이 우리의 현실적 산 사랑을 제대로 담아 내지 못하는 측면도 있을 것이다. 어쨌든 우리는 즐기는 산행을 좀 더 의식할 필요가 있다.

3년 안에 '7대륙 최고봉' 완등

7대륙 최고봉 완등 기간을 3년으로 잡았다. 3년 안에 완등한 산악인은 몇 명 있으나, 실버세대인 60대에서 3년 안에 완등한 기록은 아직 없다. 사실 기록 자체에 큰 의미를 두지는 않았다. 나 자신에게 주는 일종의 당근 같은 것이다. 유치할 수도 있겠다. 그럼 어떤가. 산 앞에서만큼은 한껏 유치하고 싶다. 환갑을 넘긴 사람이 산 아니면 어디에서 그리 해볼 수 있을 것인가.

7대륙 최고봉 완등은 누구에게도 쉬운 일은 아니다. 등반 난도는 둘째로 하고라도 우선 경비가 만만치 않다. 빈슨, 칼스텐츠, 에베레스트는 각각 미화 3만 달러 정도가 필요하다. 나머지 킬리만자로, 엘브루스, 디날리, 아콩카과를 합쳐 약 20만 달러가 든다. 등반 경비에 교통과 숙식, 보험, 관광 비용을 포함한 액수다. 고액이지만 내 마음속에 들어온 이 산들의 의미를 생각하면 감수할 만한 액수라고 생각했다.

나는 왜 7대륙 최고봉을 오르게 되었나

잠시 숨을 고르는 의미에서, 내가 왜 7대륙 최고봉을 오르게 되었는지 간단하게나마 얘기를 해두는 것이 좋을 것 같다. 나는 한국에서 태어나 교육받고, 사병으로 만기 제대했다. 사회생활을 시작한 첫 직장에서 나를 미국 서부 지역으로 파견 근무를 보냈다. 그렇게 미국 땅에 첫 발을 디뎠고 몇 년 근무 후 미국에 정착했다. 코리안 아메리칸이 된 것이다. 이후 40여 년 동안 로스앤젤레스 근교에서 살고 있다. 이민 초기부터 20여 년 동안 생일, 주말, 연휴 같은 건 나의 삶 속에 존재하지 않았다. 밤낮없이 일의류업에만 매달렸다. 한국에서 열린 88서울올림픽도 나에게는 먼 세계의 일이었다. 행운도 따랐다. 덕분에 내 나름의 아메리칸 드림을 이루었다.

"덜 먹고 덜 쓰더라도 마음 편히 살아라."

어느 날 어머니께서 이렇게 말씀하셨다. 내가 하는 일이라면 무조건 지지하실 뿐, 이래라 저래라 말씀이 없던 분이셨다. 요즘 흔히 하는 말로 작심 발언을 하신 것이다. 아침 일찍 일터로 나가 자정이 다 돼서야 집으로 돌아오고, 어떤 날은 새벽 2~3시까지 일하는 내 모습이 당신께는 가슴에 얹힌 돌이 된 모양이었다. 어머니의 그 말씀은 벼락처럼 내 가슴을 흔들었다. 번개가 치는 몇 초 사이의 불빛에 나의 지난 삶이 파노라마로 펼쳐졌다. 나는 곧장 결심했다. 조기 은퇴였다. 당시 내 나이 51세였다.

나는 신념이 패밀리 퍼스트라고 할 정도로 가족밖에 모르고 살았다. 일만 하고 산 탓에 알고 지내는 사람도 별로 없었다. 은퇴 이후에 보니 산은 나에게 새로운 세계였다. 7대륙 최고봉은 나도 모르는 사이에 조금씩 내게로 다가오기 시작했다.

다섯 번의 환승

킬리만자로 등반 출발지는 한국이다. 한국의 트레킹 전문 여행사에서 모집한 대원으로 참가했기 때문이다. 로스앤젤레스를 출발하여 13시간을 날아 인천공항에 도착했다. 공항 로비에서 함께 할 대원들을 만나 인사를 나눴다. 전원 한국인이고 아마추어다.

인천 공항에서 홍콩으로 가서 싱가포르행 비행기로 환승했다. 싱가포르를 떠난 비행기가 도착한 곳은 남아프리카공화국의 요하네스버그. 드디어 아프리카다. 카고백을 찾고 보니 자물쇠 고리가 잘려 나갔고 지퍼가 열려 있다. 물건 몇 개가 보이지 않는다. 혹시나 하는 마음에서 공항 경찰서에 도난 신고를 했지만 돌아온 건 더 큰 실망이다. 가끔 일어나는 일이니 승객 스스로 조심하라는 것이다. 이럴 땐 한국인들이 스스로를 달래는 오래된 주문을 외는 것이 최선이다. '액땜으로 치자.'

요하네스버스에서 한 번 더 비행기를 탔다. 마지막이다. 마침내 최종 비행 목적지인 케냐의 나이로비 공항에 도착했다. 로스앤젤레스에서 나이로비까지 비행기를 다섯 번 갈아탔다. 내 여행 이력에서 최다 환승 기록이다.

미화 50달러를 내고 비자를 받았다. 비자 비용은 여권의 국적에 따라 다르다. 한국 여권은 50달러, 미국 여권은 20달러다. 내 여권은 미국 여권인데도 달라는 대로 50달러를 냈다. 일종의 기회비용이라 생각했다. 우리가 아프리카의 자연을 즐길 수 있는 것은, 그들이 당장의 이익을 위해서 자연을 훼손하지 않은 덕분이기도 하다. 그렇긴 해도 나라에 따라 비자 비용이 다른 건 조금 께름칙했다. 하지만 따지지 않았다. 그들의 가난에 대한 최소한의 책임감 혹은 예의라고 생각했다. 아프리카에서는 국경을 통과할 때마다 입국 현장에서 현금을 내고 비자를 받는다. 통과의례 비슷하다.

케냐 나이로비 공항에서 탄자니아의 킬리만자로를 향해 가는 길에서 만난 토산품 가게.
다산을 상징하는 임신부 목각상이 특히 눈에 띤다.

야마초마를 아세요?

"야마초마가 무엇인지 아시는지요?" 가이드가 내게 넌지시 묻는다. "맛없던데, 심한 노린내에다 질기기만 하고." 가이드가 내 답변에 동감한다는 듯 빙긋 웃는다. 언젠가 카이로의 식당에서 특급 요리라는 아프리카 야마초마를 시키고는 몇 점 먹다가 만 적이 있다. 야마초마란 스와힐리어로 고기를 의미하는 야마yama와 불을 의미하는 초마choma가 합쳐진 단어로 고기구이를 뜻한다. 요즘은 보통 돼지고기, 염소고기, 닭고기로 만들지만 악어, 임팔라, 멧돼지, 기린, 뱀과 같은 야생동물을 구워 먹던 것이 요리의 기원이다.

여행의 즐거움 가운데 식도락을 뺄 수는 없다. 외국이나 낯선 곳에서라면, 먹는 즐거움을 넘어 문화 체험이기도 하다. 한 나라나 지역의 음식에는 그곳의 자연, 역사, 종교가 스며들어 있다. 식재료는 기후, 토양, 수질 같은 자연 환경의 산물이다. 절대적 고립 상태가 아니라면 이웃 나라의 영향을 받게 되고 그것은 음식의 종류나 조리법에 반영된다. 음식에는 전쟁 같은 역사의 흔적이 보이지 않는 문자로 기록되어 있다. 금기 음식은 종교가 주방에까지 영향력을 발휘한다는 것을 말해 준다.

나이로비 시내를 어슬렁거리다가 외국 관광객을 상대로 하여 전통 음식을 파는 극장식 식당에 들어갔다. 의례처럼 야마초마를 시켰다. 대원들 모두 맛만 보고 만다. 그 맛이란, 지금 우리가 아프리카에 있다는 실감이다. 아프리카를 먹고 돌아와 마사이족의 전통 마을을 본뜬 사파리 파크 호텔에서 하루를 마진다. 하룻밤이지만 마사이족 전사가 된 듯한 기분이다.

아프리카의 햇살과 바람

육로를 이용하여 탄자니아로 향한다. 나이로비를 출발한 미니버스는 그런대로 잘 구른다. 길은 울퉁불퉁하다. 맨 땅과 진흙 길인데 가끔 아스팔트 길도 나타난다. 버스가 워낙 헐어서 금방이라도 멈출 것 같아 불안감을 떨칠 수 없다. 그런데도 대원들 모두 말똥말똥한 눈으로 차창 밖을 응시한다. 모두들 아프리카는 처음이라 한다. 아프리카의 햇살, 바람, 소리와 냄새, 야생동물을 남김없이 마시고 느낄 기세다. 도로의 요철이 낡은 버스를 통해 고스란히 몸에 전달되는데도 아랑곳하지 않는다. 버스도 감응한 것일까. 6시간 가까이 덜컹거리고도 고장 한 번 없이 탄자니아 국경을 넘어 킬리만자로의 관문격인 고원 도시 아루샤에 우리를 데려다준다. 임팔라 호텔에 여장을 풀고 밤을 기다린다. 내일 아침이면 우리는 킬리만자로의 그늘 아래로 들어설 것이다.

킬리만자로 오르는 길

킬리만자로 정상을 오르는 루트는 여러 가닥이다. 룽가이^{Rongai}, 마랑구^{Marangu}, 마차메^{Machame}, 음웨카^{Mweka}, 음부웨^{Umbwe}, 쉬라^{Shira} 루트 등이 있는데 이 가운데 룽가이, 마랑구, 마차메 루트를 많은 사람이 선호한다.

마랑구 루트는 가장 많은 사람이 찾는 코스로 일명 코카콜라 루트로 불릴 정도로 대중적이다. 하지만 역설적이게도 정상 능반 성공률이 가장 낮다. 경사가 완만하여 만만하게 여긴 사람들이 정상 구간에서 고소증을 이겨내지 못하고 돌아서게 된다. 룽가이 루트는 성공 확률이 높다. 서서히 높아지는 고도를 따라 고소 적응을 하면서 오르기 때문이다. 마차메 루트는 마랑구 루트보다 코스가 길다. 그 대신 조금씩 고도를 높이기 때문에 고소 적응이 비교적 쉽고 마지막 정상 구간은 다른 루트보다 짧고 완만하다. 등정 성공률이 가장 높다.

우리는 마차메 루트로 올라 음웨카 루트로 내려오는 일정을 짰다. 천천히 올랐다가 빨리 내려오는 방식이다. 5일에 걸쳐 천천히 정상에 오르고 이틀 동안 하산하는 일정이다. 하산 후에는 이틀 더 탄자니아에 머무르며 응고롱고로 사파리, 마사이족 마을, 만야라 호수 국립공원을 둘러볼 계획이다. 그 다음 잠비아와 짐바브웨의 국경을 이루는 잠베이지강의 빅토리아 폭포를 보고 다음날 잠베이지강 크루즈를 마지막으로 아프리카와 작별할 것이다.

"나!", "나!", "나", 나를 뽑아 주세요

킬리만자로 남쪽 마차메 게이트^{1,800m}에서 입산 허가를 받았다. 드디어 킬리만자로 산행이 시작된다. 마차메 게이트 밖에는 수백 명의 원주민이 북적거린다. 포터를 하겠다는 사람들이 아우성치는 인력 시장이다. 저마다 손을 높이 치켜들고, "나!", "나!", "나!"를 외친다. 하나같이 애절한 눈빛이다. 까만 눈동자가 더욱 까맣게 빛난다. 세상에, 반짝거리는 슬픔이라니. 우리 모두는 애써 눈길을 피한다. 피한 눈길 속으로 외다리 노인, 10대 소녀, 젖먹이를 안은 엄마가 들어온다. 그러나 우리는 그들을 선택할 수 없다. 이미 우리를 도와줄 가이드와 포터가 정해져 있기 때문이다. 킬리만자로 등반에서는 반드시 현지 회사를 통해 가이드와 포터를 고용해야 한다. 꼭 그렇게 하노록 탄자니아 성부에서 법으로 정해 놓았다. 그들이 지켜온 자연을 즐기는 이방인으로서는 기꺼이 받아들일 만한 룰이다.

"안녕하세요. 가이드 제니스입니다."

처음 만나는 가이드가 한국말로 인사한다. 제니스는 보조 가이드 1명과 함께 대원들의 등반을 안내하는 한편, 포터들을 통솔한다. 제니스는 트레커들의 안전과 물품 도난 방지를 위해 회사가 포터들을 엄선했다고 자랑처럼 설명한다. 시야를 벗어났던 슬픔이 또 한 번 고개를 든다.

잠보와 재즈

남녀 포터들이 머리에 이고 등에 짊어진 알록달록한 짐 보따리가 꼬리를 잇는다. 7월의 푸른 기운이 넘실거리는 능선을 따라 오르는 행렬이 길게 원색의 띠를 이룬다. 족히 100명은 돼 보이는데 실제로는 39명이다. 원색의 강렬함이 실제를 압도한 것이다. 이들과 우리 대원 12명은 앞으로 7일 동안 킬리만자로에서 고락을 함께할 것이다.

잠보 잠보 브와나 (…)
와게니 와카리비슈와 (…)
하쿠나 마타타

쏘터들이 부르는 노랫소리다. 일명 '잠보 송'이라 일컬어지는 노래다. 어느 한 사람이 시작하자 누가 먼저랄 것도 없이 여기저기서 끼어들어 한순간에 흥겨운 코러스를 이룬다. 마치 순식간에 새싹이 자라 초원을 이루는 것 같다. 리듬에 맞춰 몸을 흔든다. 짐 보따리도 흔들리며 원색의 물결을 이룬다. 내 발걸음도 그 리듬에 올라탄다. 헐떡이던 숨이 어느 결에 편안해진다. 내 기억의 한 자락이 문득 마음속에 펼쳐진다.

언젠가 미국 남부 해안을 여행한 적이 있다. 발길 닿는 대로 들어갔던 어느 카페의 재즈 연주. 검은 피부와 하얀 치아, 흐느적거리듯 자연스럽게 변주되는 멜로디와 템포.

포터들은 언제 어디서든 잠보 송을 부른다. 혼자든 여럿이든, 기분이 좋든 나쁘든, 잠보 송 리듬에 맞춰 몸을 흔든다. 짐이 무겁든 가볍든 가리지 않는다. 오르막길이든 내리막길이든 상관없다. 불볕더위에도 멈추지 않는다. 그들의 춤에 원칙이나 규칙 같은 건 없다. 제 좋을 대로 즐긴다. 포터인지 여행자인지 헷갈릴 정도다.

잠보 송은 간단한 멜로디와 흥거운 템포 때문에 아프리카 민요처럼 들리기도 하지만 사실은 창작곡이다. 원래 노래 제목은 〈잠보 브와나Jambo bwana〉. 스와힐리어로 '잠보'는 '안녕하세요', '브와나'는 손님에 대한 경칭이다. 즉, 손님에 대한 환대의 노래다. 영어로는 '헬로, 미스터', 우리 말로는 '안녕하세요, 여러분' 정도로 이해하면 될 듯하다.

〈잠보 브와나〉는 케냐의 호텔 밴드 뎀 머쉬룸스Them Mushrooms가 1982년에 발표했고, 1983년 음반으로 나왔다. 스와힐리어로 된 가사는 밴드의 리더 테디 칼란다 해리슨이 썼다. 케냐와 탄자니아 같은 스와힐리어권 국가에서는 모르는 사람이 없다. 외국인 여행자들도 몇 번만 들으면 이 노래를 따라 부를 정도로 흡인력이 강하다. 가사의 앞부분을 옮겨 본다.

킬리만자로의 현지 포터들. 이들은 20kg 가까운 짐을 지고 걸으면서도 노래하면서 춤춘다. 매력적인 사람들이다.

잠보, 잠보 브와나 Jambo Jambo bwana   안녕하세요, 안녕하세요, 여러분

하바리 가니 Habari gani   잘 지내시는지요

은주리 사나 Mzuri sana   저는 아주 좋습니다

와게니 와카리비슈와 Wageni wakaribishwa   당신을 환영합니다

케냐 예투 하쿠나 마타타 Kenya yetu Hakuna matata   우리 케냐는 문제없답니다

이어지는 가사는 케냐에 대한 긍지를 드러내면서 '하쿠나 마타타'를 반복한다. 이 노래의 매력은 바로 후렴구 '하쿠나 마타타'에 있다. 이 후렴구 앞에 즉흥적으로 가사를 바꾸어 붙이며 노래를 한없이 이어가기도 한다. 노래를 주고받는 것이 우리 노래 '쾌지나칭칭'과 흡사하다. 한 사람이 앞소리를 메기면 받는 소리를 여러 사람이 합창하는 것과 같다. 하쿠나 마타타. 마법의 주문이다. 1994년에 개봉한 디즈니 애니메이션 《라이온 킹》에서 '심바'는 하쿠나 마타타를 모토로 성장하여 아버지의 원수를 갚고 왕의 자리를 되찾는다.

킬리만자로의 포터들은 잠보 송을 부를 때 '케냐'를 '킬리만자로'로 바꾼다. 그들에게 〈잠보 브와나〉는 노동요이자 축제의 노래다. 가능하면 나는 축제의 노래로 들으려 한다. 하쿠나 마타타를 따라 부르며 킬리만자로의 습기 가득한 열대우림을 지난다. 문제없을 것이다. 다 잘 될 것이다. 하쿠나 마타타.

까맣게 반짝이는 산

첫 날, 정글을 지나 짙은 안개를 헤치며 마차메 캠프 3,100m에 올랐을 때, 눈 아래로 운해가 펼쳐졌다. 누워 보고 싶을 만큼 포근한 느낌이었다. 안개와 구름. 이

마차메 캠프(3,100m).
이곳을 기점으로 아래쪽은 안개가 자주 끼고 위쪽은 식물이 거의 자라지 않는 고지대다.

둘은 속성이 같다. 관측 시점에 따라 안개와 구름으로 구분될 뿐이다. 아래에서 본다면 구름 위의 나는 보이지 않는다. 신선이 따로 있는 것이 아니다.

둘째 날은 마차메 캠프에서 시라 캠프^{3,840m}까지 하루 종일 3,000m 이상의 고지대를 걸었다. 공기는 건조하고 나무들은 몸을 웅크려 거의 땅바닥에 붙은 돌 같은 모습이다. 고산에서의 생존법이다. 이 정도의 고도에서는 혈중 산소가 현저히 줄어들지만 아직 대원들 가운데 고소증으로 고통을 호소하는 사람이 없다. 다행이다. 하쿠나 마타타.

셋째 날은 카랑카 캠프^{4,200m}까지 오른다. 해발 4,000m를 넘으면서 풍광이 현저히 바뀐다. 온통 구멍이 숭숭 뚫린 검은 화산석이다. 이른바 고산 사막지대 ^{Alpine Desert}에 들어선 것이다. 화산 폭발로 이루어진 산 중에서 이렇게 높은 곳은 처음이다. 한국의 한라산이나 일본의 후지산보다 확실하게 높다는 것을 몸으로 느낀다. 태양열로 달궈진 까만 돌바닥에서 뿜어 나오는 지열이 후끈하다. 모두들 땀을 흘리지만 건조한 공기가 냉큼 가져간다. 얼굴은 소금가루로 희끗희끗하다. 이글거리는 태양빛이 눈을 찌르는데 까만 벌판에서는 아지랑이가 이글거린다. 사막의 신기루가 이럴까.

혀로 느끼는 입가의 짠맛이 점점 농도를 더한다. 대원들은 지친 기색이 역력하다. 얼굴에는 땀과 소금기가 반반이다. 그런데 포터들은 아무렇지도 않다. 열기를 에너지로 바꾸는가 싶을 정도다. 포터들은 우리보다 4배나 더 무거운 짐을 진다. 필수품만 넣은 우리의 배낭 무게는 많아야 5kg을 넘지 않는다. 포터들은 20kg까지 진다. 이에 대해 가이드 제니스는, 더 무거운 짐을 질 수도 있지만 더 많은 일자리를 만들기 위해 정부에서 무게 제한을 두었다고 설명한다. 굳이 하지 않아도 될 말이다. 이미 국제적인 룰이다. 탄자니아뿐 아니라 네팔에서도 마찬가지다. 그들의 도움 없이 보통 사람들이 고산에 오르는 건 불가능에 가깝다. 그들은 마땅히 존중 받아야 한다. 포터들은 모두 한 마을 사람들이다. 부부, 형제, 자매, 친구 등으로 맺어진 관계다. 언제나 서로 돕고 잘 어울린다. 노래하고 춤출 때는 더 말할 것이 없다.

폭염보다 더 뜨거운 춤판

행동식으로 간단히 점심을 때우는 잠깐 사이에 춤판이 벌어진다. 그들에게 춤은 호흡에 가까운 듯하다. 두세 명이 시작하자 우르르 빨려들 듯 몰려든다. 마사이족 후예답게 격렬할 정도로 열정적이다. 분위기가 금방 달아오른다.

춤판에 어울려 보고 싶어 끼어들었다가 금방 손을 들고 만다. 나름 열심히 따라할라치면 벌써 다른 동작으로 바뀐다. 템포와 열정을 도저히 따라갈 수 없다. 웃음거리가 됐지만 마음만큼은 그들과 하나가 된 것 같아서 기분이 나쁘지는 않다. 풍광을 보는 것보다 이들 춤판이 더 재미있다. 짧은 춤판이 끝나고 행렬이 계속되는 데도 저들의 등짐남자과 머릿짐여자에는 열기가 아직 남아 있다. 흔들흔들 실룩실룩 뒤풀이가 이어진다. 이 순간, 이들에게 내일이라는 시간은 없다. 즐겁게 오늘을 사는 사람만 누릴 수 있는 자유로 충만하다.

"잠보, 잠보 브와나 (…) 킬리만자로 하쿠나 마타타."

또 잠보 송이 울려 퍼진다. 이제는 대원들도 함께 따라 부른다. 저들의 행복감이 우리에게 녹아든다.

기우는 해가 산등성이에 걸리자 포터들이 수건으로 얼굴을 가린다. 의아했

시라 캠프(3,840m)에서 카랑카 캠프(4,200m)로 오를 때 본 킬리만자로 정상.
만년설로 덮였던 하얀 봉우리는 이제 희미한 기억처럼 잔설을 부여잡고 있다.

다. 피부 보호를 위해서는 아닐 테고, 땀을 닦기 위해서는 더욱 아닐 텐데, 왜? 곧 다가올 한기에 대비하는 것이었다. 자연 속에 사는 사람들이 자연에 순응하는 방식이다. 자연을 잘 아는 사람일수록 자연 앞에서 다소곳하다.

해가 산을 넘고 어둠이 찾아오기 시작할 무렵, 한 부부가 주거니 받거니 잠보송을 부른다. 합창할 때와는 다르다. "잠보! 잠보! 브와나!" 하고 남편이 선창하면 아내가 뒤를 잇는다. 남성의 저음은 구슬프고 여성의 고음은 하늘로 오른다. 이어서 둘이 마주 보며 느린 템포로 노래를 이어간다. 목소리가 차분히 가라앉는다. 똑같은 가락인데, 슬프다. 얼굴엔 웃음기가 가시었다. 시선이 하늘에서 멈춘다. 노래도 멈춘다. 엄숙함마저 감돈다. 그들만의 의식인 것 같기도 하다.

카랑카 캠프에 어둠이 가라앉는다. 계곡의 어둠은 이미 단단하다. 포터들이 모닥불을 피운다. 어둠에 싸인 킬리만자로의 한 귀퉁이가 붉게 물들어 흔들린다. 슬금슬금 모여든 포터들이 불길을 따라 몸을 흔든다. 발 구르는 소리, 옷깃 스치는 소리, 나직하지만 뜨거운 노랫소리. 킬리만자로의 밤이 깊어간다.

4,000m에서 솟는 따뜻한 샘물

카랑카 캠프의 아침이 깨어난다. 눈 아래로 구름바다가 일망무제로 펼쳐져 있다. 운해 건너로 킬리만자로의 제2봉 마웬지봉5,149m이 홀로 높다. 신비에 감싸인 옛 성처럼 고적하다. 어디선가 들려오는 물소리가 남은 잠기운을 씻어 낸다. 오랜만에 듣는 시원한 물소리다. 물소리를 따라간다. 처음 만나는 작은 샘에서 기분 좋은 소리와 함께 물이 흘러나온다. 손바닥으로 떠 한 모금 마신다. 시원할 줄 알았는데 반대다. 미지근한 정도를 넘어 따뜻하다. 함께 물맛을 본 동료가 이상하다며 한 번 더 맛을 보고는 숭늉 같다고 결론을 내린다. 그렇다면 온천수일까? 허물어진 기대를 보상받기 위한 가정이다.

캠프로 돌아와서 제니스에게 물어보자 "이 지역에는 온천이 없다. 정상 일대에는 아예 물이 없다."는 건조한 대답이 돌아온다. 카랑카 캠프는 4,000m가 넘는 높이인데도 눈이 보이지 않는다. 아무리 적도 가까운 곳이라 해도 이 정도 고도에서는 눈의 흔적 정도는 있어야 정상이 아닐까? 밤에도 추위를 느끼지 못한다. 덕분에 잠은 잘 자고 있지만 뭔가 석연치 않다.

킬리만자로에 오르기 한 해 전 봄에 에베레스트 베이스캠프5,364m 트레킹을 했다. 에베레스트 남동릉의 탕보체3,860m에서도 드문드문 눈을 볼 수 있었고, 페리체4,240m에는 제법 눈이 쌓여 있었다. 그러나 이곳엔 검은 화산석뿐이고 한기조차 느낄 수 없다. 배부른 푸념 같지만 왠지 꺼림칙한 게 사실이다.

멜팅 컬처의 힘

"머리가 띵 했는데 이젠 괜찮아." "매스꺼움이 가셨어." 고소증을 느꼈던 동료들이 차츰 높이에 적응해 가고 있다. 포터와 대원들 간의 거리감도 좁아졌다. 처음 만났을 때는 엇박자에다 우스꽝스런 해프닝으로 어색해지기도 했다. 그런 단계는 이제 지났다. 대원들은 포터들에게 '밥 먹자', '놀자', '가자' 같은 지극히 단순한 수준의 어휘에서 한 단계 높여, '좋다', '싫다', '예쁘다', '멋있다' 같은 감정 표현이나 주상적 형용사까지 가르쳐 순다. 뽀너들은 우리에게 삼보 송을 가르쳐 준다. 이 노래의 가사에는 세계 어디에서도 통할, 사람 사이의 따뜻한 감정이 다 들어 있다.

사회학자들은 미국 사회의 특성을 말할 때 '멜팅팟Melting Pot'이란 표현을 빠뜨리지 않는다. 말 그대로 용광로처럼 다양한 인종이 녹아든 사회라는 것이다. 얘기가 조금 거창하게 되는 것 같지만, 킬리만자로를 걷는 동안 포터들과 대원들의 관계에서 '멜팅 컬처'의 힘을 느낀다. 내 말을 그들에게 가르쳐 주고, 내가 그들의 노래를 따라 부를 때, 나의 세계는 확장된다. 사실 다름 그 자체는 좋은 것도 나쁜 것도 아니다. 첫 만남부터 말이 통하지 않는 것은 별로 문제가 되지 않았다. 눈빛과 손짓만으로도 의사소통이 가능했다. 거기에 서로에 대한 이해와 연대의 감정이 더해졌을 때, 산의 높이는 낮아지고 가야 할 길은 짧아졌다. 멜팅 컬처의 힘이다. 그 힘이 마지막 캠프인 바라프4,600m까지 우리 모두를 탈 없이 이끌고 왔다.

사람들도 까만 돌로 보이는 풍경

바라프 캠프의 풍광은 검은빛 일색이다. 까만 화산석이 초목을 대신한다. 그 위로 까마귀들이 우리 주위를 맴돈다. 빛나는 까만색도 있다는 것을 그때 알았다. 바위 사이에서 요리를 하는 포터, 텐트 주변을 어슬렁거리는 대원들조차 움직이는 화산석으로 보일 지경이다. 바라프 캠프에도 눈은 찾아볼 수 없다. '누가에 누가이', 하얗게 빛나는 눈으로 덮인 '신의 집'은 이제 다시는 볼 수 없는 옛집이 되고 만 셋일까.

　제니스는 "이곳에 눈이 내리면 20~30cm 정도 쌓였다."고 자신의 아버지로부터 들은 얘기를 전한다. 하지만 자신은 "여기서 쌓인 눈을 본 적은 한 번도 없다."고 말한다. 불과 한 세대만에 신의 하얀 집은 까만 집으로 변하고 말았다.

오후 1시, 취침

"정상 출발은 오늘 밤 자정입니다."

제니스의 어조는 짐짓 단호하다. 점심—사실상 저녁—을 먹기 전, 전 대원이 모인 자리에서 등정 일정을 설명한다. 오늘 밤 자정, 정확히 말하자면 트레킹 5일째인 내일 24:00시에 캠프에서 출발한다는 것이다. 정상 도착은 해돋이 무렵이 될 것이라 한다. 밤에 올라가 낮에 내려오는 것이다. 하산은 우리가 올라온 길이 아니라 음웨카 루트다. 정상에서 음웨카 캠프까지 무려 2,795m를 달리다시피 내려가야 한다. 내리막길이라 하지만 고도 차와 거리를 감안할 때 상당한 신체적 부담을 감수해야 한다.

우리가 내려가게 될 음웨카 루트는 프로 산악인들이 선호한다. 그들은 1박 2일, 길어야 2박 3일에 등정을 끝낸다. 그러나 아마추어들에겐 인기가 없다. 고소 적응 같은 체력적 부담 때문이기도 하지만 산을 오른다는 실감이 덜한 것이 주된 이유라고 한다.

정오에 저녁을 먹는다. 오후 1시, 해가 중천인데 잠자리에 든다. 눈을 감는다고 잠이 올 리 없다. 텐트마다 부스럭거리는 소리, 소곤거리는 소리가 새어 나온다. 오후 4시쯤, 한 여성 대원이 심한 고소증으로 고통을 호소한다. 모두들 가능한 모든 방법을 동원하여 도우려고 애쓴다. 어수선한 분위기에 긴장감이 더해진 무거운 공기가 캠프를 맴돈다. 고소증에 시달리는 대원이 몇 명 더 있지만 등반을 포기할 정도는 아닌 것 같다. 오후 6시가 넘자 계곡 쪽으로 산그늘이 짙어진다.

마지막 캠프인 바라프. 해발 4,600m인데도 눈은 흔적조차 없다.

어둠을 뚫고 정상으로

24:00. 정상을 향하여 출발한다. 화산석보다 더 짙은 어둠이 하늘을 덮고 있다. 달은 보이지 않는다. 하얀 달을 보며, 하얀 산을 오르는 달빛 트레킹을 꿈꾸었었다. 어떤 꿈은, 실현되지 못하는 상황을 대비하여 당겨 받는 위로인지도 모르겠다. 우리가 꿈꾸는 많은 것들이 그렇다.

산을 오르는 이유 가운데, 평소와 다른 풍광을 바라보는 즐거움을 뺄 수는 없다. 그런데 지금 나는 어둠 속이다. 헤드램프 빛 닿는 곳이 야경의 전부다. 걸음은 물속을 허우적거리는 것처럼 부자연스럽다. 지루하고 답답하다.

"저 산은 내게 우지 마라 우지 마라 하고 발아래 젖은 계곡 첩첩산중…." 누군가 노래를 부른다. 거친 숨소리와 발자국 소리만 들리는 숨 막히는 분위기에 생기가 돋아난다. 문득 상상한다. 헤밍웨이가 걸었던 킬리만자로엔 얼마나 많은 눈이 쌓여 있었을까?

앞에서 헤밍웨이의 소설 「킬리만자로의 눈」 도입부를 언급했다. 그 이야기는 헤밍웨이의 상상에서 나왔을까? 나로서는 알 길이 없지만, 헤밍웨이가 소설을 발표하기 10년 전 실제로 그런 일이 있었다고 한다. 1926년 탄자니아 농업부의 라탐 박사Dr. Latham가 산 정상 분화구 근처에서 얼어 죽은 표범을 발견했다. 두 달 뒤 선교사였던 에바 스튜어트와트Eva Sturt-Watt가 그 표범의 사진을 찍었다. 그 사진은 지금도 인터넷 공간에 떠돈다. 사진 속 표범의 사체 옆에 선 사람은 그녀의 포터였던 조나단Jonathon이라고 한다. 그가 증거로 표범의 귀를 잘랐다는 이야기도 전해 온다. 그 표범은 왜 자신의 생존 영역에서 벗어나 눈 덮인 킬리만자로에 올랐을까? 헤밍웨이는 '아무도 모른다'고 썼다. 헤밍웨이에게 킬리만

자로의 '눈'은 어떤 의미였을까. 문학적 해석은 내 몫이 아니다. 나에게 킬리만
자로의 눈은 어떤 의미일까?

"굽이져 흰 띠 두른 능선 길 따라 달빛에 걸어가던 계곡의 여운을…." 이어지
는 〈설악가〉가 다시 나를 현실로 데려온다. 마치 장기 자랑하듯 노래가 꼬리를
문다. 뜻밖의 노래판이 눈은커녕 달빛도 없는 아쉬움을 달래 준다. 어쩌면 이
런 뜻밖의 연속이 산행의 본질인지도 모르겠다. 눈발이 희끗희끗 날리다가 금
방 멈춘다. 그래도 킬리만자로의 눈을 맞아 보기는 했다.

마침내 우후루, 자유!

어둠이 벗겨질 무렵 널찍한 언덕이 시야에 가득하다. 더 갈 데가 없는 곳에 다가
왔다는 것을 직감한다. 언덕은 서리와 지난밤 설핏 내린 눈으로 희끗희끗하다.
10분 정도 오르자 분화구의 실루엣 위로 정상 표지판^{널판지}이 보인다. 정상이다.

하늘이 붉어지는가 싶더니 불쑥 해가 솟는다. 분화구의 전모가 드러난다. 분
화구는 드넓은 산야다. 광대하다는 느낌 때문인지, 그동안 상상해 왔던 등정의
감격 같은 건 없다. 그래도 분명한 것은 이곳이 아프리카의 꼭짓점이라는 사실
이다.

킬리만자로는 세 개의 거대한 분화구 시라^{4,006m}, 마웬지^{5,149m}, 키보^{5,895m}로 이
루어진 산이다. 이 가운데 가장 높은 키보의 정상이 바로 우후루피크^{5,895m}다. 우
후루^{Uhuru}는 스와힐리어로 '자유'라는 뜻이다. 하지만 이 자유를 얻기까지 오랜
압제의 시간이 견뎌야 했다. 16세기 초 포르투갈에 점령당한 후 오만을 끌어들
여 이들을 물리쳤으나, 지배자로 바뀐 오만은 18세기 노예무역의 주역으로 돌

변했다. 이어서 독일의 식민지[1880~1919]가 되었고, 1961년 독립할 때까지 영국의 지배를 받았다.

킬리만자로의 정상에 붙은 최초의 이름은 '빌헬름 황제봉'이었다. 1889년 이 봉우리를 초등한 독일인 한스 마이어가 당시 독일 황제였던 빌헬름 2세의 이름을 붙인 것이다. 1961년 영국으로부터 독립한 탄자니아는 우후루로 이름을 바꿨다. 마침내 자유!

나에게 '킬리만자로의 눈'은

높이 솟아오른 해가 우후루의 구석구석을 비춘다. 검은 화산 지표가 훤히 드러난다. 만년설이라곤 보일 듯 말 듯 바위틈에 숨어 있다. 돌 틈엔 음식 찌꺼기가 끼어 있고, 플라스틱 조각이 발에 채이고, 바람결을 따라 뒹구는 빈 깡통이 비명을 지른다. '하얀 산, 빛나는 산, 신의 집' 킬리만자로는 이제 없다. 검은 얼굴을 잔뜩 찌푸리고 있을 뿐이다. 문명의 얼굴이자 우리 모두의 얼굴이다. 인간은 킬리만자로의 자유를, 누구든 5,895m를 오를 수 있는 자유로 탕진했다.

정상의 분화구 일대는 검은 광야다. 100년 전까지만 해도 이곳은 빙하와 만년설로 뒤덮여 있었다. 과학자들은 이 빙하가 1만 2천 년 동안 지속되었다 한다. 하지만 지난 100년 사이에 90% 정도가 녹아 없어졌다. 현재의 속도라면 2030년 정도에는 완전히 사라질 것이라 한다. 그래도 아직 분화구 바깥으로는 빙하가 남아 있다.

속이 좀 메스껍지만 참을 만한 정도다. 언제 또 올까 싶어 빙하 가까이로 다가간다. 녹아내린 얼음 저편 1만 년 전 시간을 마주한다. 바람에 날린 화산재와

검은 광야를 이룬 정상 분화구와 그 언저리의 만년설.
만년설은 '아직 죽지 않았다'고 말하는 듯하지만,
사실은 지구 온난화의 위기 앞에서 곧 사라질 운명이다.
사진 상단 운해 위로 보이는 산이 마웬지봉이다.

킬리만자로의 정상 우후루 피크(5,895m).
우후루는 스와힐리어로 자유라는 뜻이다.
하지만 정상 표지판에는 등반자들이 스티커를
덕지덕지 붙여 놓았고 바닥엔 쓰레기가 뒹군다.
우후루는 정치적 자유를 되찾았지만
현대 문명으로부터는 자유롭지 못하다.

돌가루를 뒤집어쓴 표면에는 주름처럼 골을 이루고 만년설이 녹아내린다. 눈물이 아니라 눈물이다. 하얀 산의 검은 눈물, 탄자니아의 눈물, 아프리카의 눈물, 지구의 눈물이다. 이 눈물마저 마를 날이 얼마 남지 않았다. 이제 킬리만자로는 탄광 속의 카나리아가 되었다.

킬리만자로가 경종을 울리는 지구 온난화의 문제는 어제 오늘의 일이 아니다. 모두의 문제이기 때문에 누구도 책임지지 않는 문제가 되었다. 하지만 그 고통은 지구 온난화에 영향을 덜 끼친 저개발 국가에 가중된다. 킬리만자로의 눈이 사라진다는 것은 탄자니아와 케냐에서 가장 큰 저수지가 마르는 것과 같다. 냉정하게 따지고 보면 내가 킬리만자로에 오른 행위도 킬리만자로의 눈물과 무관하지 않다. 모순이다. 한편 관광 수입에 의존해야 하는 탄자니아 사람들에게 도움이 되는 것도 사실이다. 인간 삶의 한계다. "덜 먹고 덜 쓰더라도 마음 편히 살아라." 내 어머니의 말씀이 최선의 대안이 아닐까 싶다.

다시 묻는다. 나에게 '킬리만자로의 눈'은 어떤 의미일까? 은퇴 전, 일만 하고 살던 삶에서 벗어나는 것? 아니다. 그 삶이 없었다면 나는 우후루 피크에 오르는 자유를 얻지 못했을 것이다. 그저 어제보다 좀 나은 사람이 되는 것. 나에게 킬리만자로의 눈은 그것이다. 그것을 위하여 나는 지금, 글을 통하여 다시 킬리만자로를 오르고 있다.

2005.07.21~08.10

아콩카과
Aconcagua
6,962m

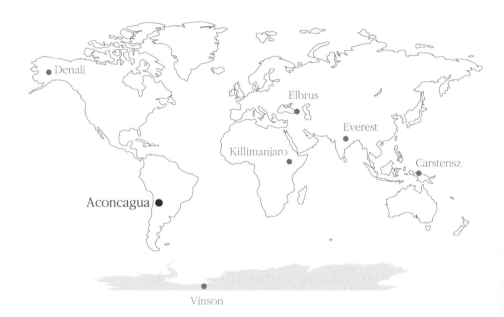

바람의 산,
태양의 산

인간이 살지 않는 지구 위의 별천지.
그러나 이 오지에는 지상에서 가장 위대한 아름다움이 있다.
숲과 야생화와 초원의 천국이다.
라인홀트 메스너(이탈리아 산악인, 1944~)

"갔다 올게."

"힘들면 내려와."

로스앤젤레스 공항에서 배웅 나온 아내와 작별한다. 새해^{2006년} 벽두에, 직업 산악인도 아닌 사람이 북미·남미를 통틀어 가장 높은 산을 오르겠다고 길을 나선다. 작별 인사가 제법 비장할 법도 한데, 간단하다. 눈빛만으로도 우리는 충분히 많은 대화를 나눌 수 있다. 우리 부부는 킬리만자로 등정 이후 대화의 소재가 더 풍부해졌다.

　나머지 봉우리를 오르기 위한 준비 과정은 일상 가운데 일부가 되었다. 그래서 보통 미국 가정에서 가족들과 함께 시간을 보내는 새해맞이를 공항에서 해도 이상할 게 없다. 더욱이 한국이나 미국과 달리 남반구에 있는 아르헨티나는 1월이 한여름이다. 아콩카과 등반 적기는 11월~3월이다.

로스앤젤레스에서 출발한 비행기가 도착한 곳은 칠레의 수도 산티아고. 산티아고에서 다시 아르헨티나 멘도사행 비행기로 갈아탄다. 안데스산맥의 서쪽에서 동쪽으로 넘어가는 것이다. 창문 밖으로 눈 덮인 안데스의 봉우리들이 끝없이 이어진다. 저기 어딘가 아콩카과^{6,962m}가 있을 것이다. 나는 지금 그곳으로 간다.

안데스. 지구상에서 가장 긴 산맥이다. 남아메리카 서부 해안을 따라 약 7,200km나 이어졌다. 평균 해발 고도 약 4,000m, 평균 너비 약 300km, 가장 긴 너비 약 700km^{볼리비아}의 광대한 산맥이다. 베네수엘라, 에콰도르, 페루, 볼리비아, 칠레, 아르헨티나가 이 산맥의 그늘 아래 있다. 아콩카과는 안데스에서 가장 높은 봉우리다. 당연한 얘기가 되겠지만 남미의 최고봉이다.

7대륙 최고봉 완등의 시금석, 아콩카과

7대륙 최고봉 등정 두 번째 길이다. 아콩카과는 7대륙 최고봉 가운데 두 번째로 높다. 결코 만만한 산이 아니다. 나는 아콩카과 등정을 7대륙 최고봉 완등의 성패를 가름하는 시금석으로 여겼다. 이 산을 오른다면 디날리^{6,194m}도 가능할 것이라고 판단했다. 관건은 에베레스트인데 이 역시 아콩카과를 오른다면 낙관할 수 있을 것 같았다. 에베레스트는, 에베레스트라는 이유로 결정적인 도움을 받을 수 있기 때문이다. 산소를 마실 수 있다는 것이다. 에베레스트에서는 등반이 힘들면 해발 7,000m 높이에서부터 산소 마스크를 쓴다. 아콩카과 정상의 높이가 딱 그만큼이다.

말과 피부색이 다른 원 팀

안데스를 넘어 도착한 멘도사. 아콩카과로 가는 관문격인 도시다. 멘도사는 아르헨티나 북쪽 끝 멘도사주의 주도이기도 하다. 서쪽으로 안데스를 사이에 두고 칠레와 국경을 이룬다.

이번 산행에서는 미국 유타주에 본사를 둔 상업 등반 회사Aventuras Patagonicas를 길잡이로 선택했다. 회사 측이 숙박 장소로 예약한 호텔 로비에서 대원들을 만나 첫 인사를 나눴다. 다국적이다. 등반대장격인 미국인 수석 가이드가 의류와 장비 일체를 점검하고는 등반에 관한 규칙을 설명한다. 이미 전액 지불된 등반 비용은 등정 여부와 관계없이 환불되지 않는다는 점을 강조한다. 한 대원이 등반 회사를 역성들 듯 가이드 팁은 등반비의 10%쯤이라고 말한다. 이어서 대원들이 규칙을 준수하겠다는 서약서에 서명한다. 산행 중 개인 문제가 발생하면 즉시 하산하고, 회사에서는 그에 따른 법적 책임을 지지 않겠다는 내용을 핵심으로 하는 각서다. 확실한 상업 마인드다.

대원의 국적은 영국 2명, 캐나다 1명, 브라질 1명, 이스라엘 1명, 한국 1명, 나를 포함한 미국 5명 등 11명이다. 나라가 다르고 피부색과 말이 다른 다국적·다인종 팀이다. 여기에 2명의 남녀 현지 보조 가이드는 취사와 소소한 일을 맡는다. 소통은 자연스럽게 영어로 이루어진다. 대원들 중 7명은 7대륙 최고봉 등정을 진행 중이고, 3명은 아콩카과 등정에 실패한 경험이 있다. 나머지 1명은 10여 년 전에 노멀 루트로 등정했는데 이번에 새 루트가 개척된다 하여 또 왔다고 한다.

상품은 등정, 품질은 등정률, 대원은 고객

고객의 등정과 안전이 등반 회사의 상품이라면, 대원은 고객이다. 이들이 판매한 상품의 질, 즉 등정률이 저조하거나 사고가 발생하면 상품 가치의 하락뿐 아니라 법정 분쟁에 휘말릴 수 있다. 등반 회사는 이에 대한 대비에 철저하다. 대원의 등반 능력 및 경력, 건강 증명서, 보험 가입 서류 등을 꼼꼼히 점검하여 리스크를 관리한다. 수익과 직결되기 때문이다. 따라서 대원들은 악천후, 고소증, 돌발 사고 등 특별한 문제가 야기되지 않는 한 등정이 가능한 사람들이다. 물론 예측 가능한 범위 내에서 그렇다는 얘기다. 실제로 어떨지는 아무도 모른다. 입산 허가서는 오늘 오전 멘도사 다운타운에 있는 주립 공원 사무실에서 1인당 550달러를 지불하고 발급받았다. 내일부터 산에 오르기만 하면 된다.

등반 출발을 하루 앞두고 시내 관광에 나섰다. 유명한 아사도 레스토랑을 찾았지만 정기 휴일이다. 대신 이곳에서 방목한 블랙앵거스 스테이크와 특산 와인을 맛보기로 했다. 스테이크는 육질이 신선할 것 같아서 레어로 주문했는데 아사도 못지않게 맛있다. 여럿이 모여 등반 전야 파티라도 열면 좋으련만 아직 그 정도의 관계는 아니다.

노멀 루트를 피하여 새로운 길로

등반로는 북면의 오르코네스 계곡을 따라 오르는 노멀 루트가 아니다. 등반자들이 90% 이상 몰려 북새통을 이루는 데다 등반 중 경치가 별로 좋지 않다는 것이 등반 회사에서 내세운 이유다. 하지만 표면적인 이유일 뿐 속셈은 따로 있는 듯하다. 등반 일정이 짧으면 비례하여 등반 비용이 저렴해지므로 수익률이 낮기 때문이다. 그래서 볼거리가 많고 장기간 즐기는 등반이 가능한 구아나코스 계곡 횡단^{Guanacos Valley & Traverse} 등반로를 개척한 것 같다. 등반 회사의 비지니스 마인드가 그럴 듯하다. 고객이 등정하면 성공했다는 보람을, 실패하더라도 인간의 발길이 덜 닿은 비경을 봤다는 즐거움을 갖게 하겠다는 것이다. 사업자와 고객 모두 윈윈할 수 있는 거래다. 한편 대원은 등반 중 어떤 이유에서 하산하든 등반이 종료될 때까지 숙식을 제공받는다.

등반은 정상을 중심에 놓고 시계 반대 방향으로 둥근 원을 그리면서 접근한다. 아콩카과 남동쪽 기슭의 바카스 계곡에서 출발하며 팜파 데 레나스^{2,800m}, 까사 데 삐에드라^{3,200m}, 플라자 구아나코스 베이스캠프^{3,600m}, C1^{4,200m}, C2^{4,900m}, C3^{5,500m}, 하이캠프인 피에드라스 블란까스 C4^{6,000m}를 거쳐 정상^{6,962m}에 오르는 루트다. C1, C2, C3는 고정 캠프가 아니다. 등반 회사가 임의로 설정한 유동적 캠프이기 때문에 지명이 없다. 가다가 멈추면 곧 캠프가 된다. 노멀 루트보다 세 배나 되는 장거리여서 이에 따른 돌발 변수까지 고려하면 상당히 힘든 등반이 예상된다. 그렇지만 사람의 발자취가 거의 없는 자연 그대로의 풍광과 개척 등반이라는 모험적 요소에 수반될 스릴을 생각하면 상당히 매력적으로 느껴지는 것도 사실이다.

하산 길은 거리가 짧은 노멀 루트여서 부담이 적다. 정상에서 피에드라스 블란까스를 거쳐 노멀 루트 베이스캠프인 플라자 데 물라스^{4,365m}로 내려온다. 베이스캠프에서 하룻밤을 지낸 후 오르꼬네스 세곡을 내려와 뻬니덴떼스에서 등반 여정을 끝낸다.

멘도사를 떠난 미니버스가 안데스산맥을 가로지르는 고속도로를 달린다.

산행 출발점인 바카스 계곡(2,408m)을 지나는 한 떼의 뮬.
말 암컷과 당나귀 수컷 사이에서 태어난 뮬은 안데스 지역에서
포터 역할을 한다.

바카스 계곡을 알리는 표지판과 스키장의 체어리프트가 시야에 들어온다. 아콩카과 산행 들머리인 페니텐테스²·⁵⁹⁹ᵐ에 도착한 것이다. 이곳 호텔에서 하룻밤을 묵고 내일 미니버스로 30분가량 이동해 푼타 데 바카스²·⁴⁰⁸ᵐ에서 산행을 시작한다.

1월의 한여름 햇살이 강렬하다. 그러나 해가 떨어지자⁰ᵘ ⁹ˢⁱ 바람이 불면서 한기를 느낄 정도로 쌀쌀하다. 평소 경험해 보지 못한 일교차다.

스틱을 올려 세우며 "렛츠 고! 고!"

드디어 등반 시작이다. 둥글게 모여 하이 파이브 하듯 스틱을 올려 서로 부딪친다. "렛츠 고, 고!" 바카스 계곡을 따라 첫 걸음을 내딛는다. 세계에서 가장 긴 산맥을 향한 첫 걸음이다. 바카스 계곡 양쪽으로 치솟은 산은 웅장하고 푸르다. 계곡이 조금씩 허리를 세우는 데 따라 산색은 엷은 핑크에서 검붉은 색까지 다채롭다. 레나스 초원²·⁸⁰⁰ᵐ이 오늘의 목적지다.

8시간을 걸어 레나스 초원에 도착한다. 해발 고도로는 400m 올랐다. 대단히 완만한 오르막이라는 얘기다. 헬리콥터 한 대가 레인저 초소에 물품을 떨어뜨려 놓고 이내 되돌아간다. 두 명의 레인저가 근무 중이다. 한 달에 20일 동안 일하고 10일 동안 쉰다고 한다. 초소 앞의 수도꼭지에서 물이 쏟아진다. 담수에 수도꼭지를 연결해 놓은 것인데 목이 마른 데나 물맛이 좋아 양껏 마신다.

우리가 캠프에서 사용할 물건을 지고 온 뮬ᴹᵘˡᵉ 즉 노새가 풀을 뜯고 있다. 뮬러ᵐᵃᵇ에게 다가가 "하이, 아미고ᴴⁱ, ᴬᵐⁱᵍᵒ." 하고 스페인어로 인사를 건넨다. 뮬러 10명에 뮬 40마리다. 장비와 식량을 비롯한 모든 짐을 베이스캠프까지 옮겨 줄

레나스 초원(2,800m)과 까사 데 삐에드라 계곡(3,200m)에서 내려오는 빙하수를 건너는 등반대.
급하게 흐르는 이 계류는 바카스 계곡 하단에서 넓은 강을 이룬다.

레나스 초원을 지나는 등반대. 큰키나무들이 자라지 않는 수목 한계선이다.

레나스 초원의 언덕이 초록 카펫을 깔아 놓은 듯 곱다.

우리의 생명줄이다. 이곳에선 노새를 뮬이라 하고, 뮬을 부리는 사람을 뮬러라고 한다. 여느 고산 지역과 달리 뮬이 포터 역할을 한다. 뮬은 말 암컷과 당나귀 수컷 사이에서 난 잡종이다. 덩치는 말보다 작고 생김새는 당나귀에 가깝다. 말보다 지구력이 좋고 당나귀보다 순해서 무거운 짐을 지고 먼 길을 가는 능력이 탁월하다. 그런데도 말과 당나귀보다 적게, 아무거나 잘 먹는다. 안데스 같은 산악 지역에 최적화된 가축이라 할 만하다. 하지만 좀 안쓰럽다. 이 동물은 생식 능력이 없다.

와인, 그리고 모닥불 위로 흐르는 탱고 선율

아콩카과에서의 첫 밤이 찾아왔다. 저녁 9시. 깊어 가는 적막 속으로 기타 반주에 맞춘 노랫소리가 들려온다. 고기 굽는 냄새, 나무 타는 냄새도 난다. 아콩카과의 밤에는 본래 그런 소리와 냄새가 존재하는가 싶을 정도로 자연스럽다. 텐트 밖으로 나와 보니 대원들은 모두 잠자리에 든 모양이다. 텐트마다 헤드랜턴 불빛이 꺼져 있다.

소리가 이끄는 대로 발걸음을 옮긴다. 우리 텐트와 떨어진 외진 곳에 자리한 뮬러들의 야영장이다. 모닥불 위로 탱고의 선율이 흐른다. 탱고의 선율에 따라 모닥불이 일렁인다. 뮬러들은 와인을 마시며 떠들고 노래한다. 아콩카과의 주인다운 모습이다.

"헬로, 마이 프렌즈." 슬그머니 끼어들어 보지만 조금 어색하다. 하지만 뮬러들은 조금도 개의치 않는다. 내 입에 고기 한 점을 넣어 주고는 와인을 권한다. 바짝 다가와 목청껏 노래하며 친밀감을 표한다. 이런 환대에 아무런 반응도 하

지 않는 건 예의가 아니지 싶어 노래 한 곡 하겠다고 나섰다. 〈베사메무쵸^{Besame}

Mucho(Kiss Me Much)〉.

사실 난 노래 실력이 썩 좋진 않다. 그런 내 마음과 노래 솜씨의 간극을 기타 반주가 메워 준다. 뮬러들은 자기들의 노래에 놀란 듯 동그래진 눈으로 즐겁게 들어 준다. 나는 노래를 멈추고 큰 소리로 이렇게 외친다. "베사메무쵸! 무쵸!" "오, 노! 노!" 모두들 기겁하는 시늉을 하며 웃는다. 굳이 말할 것까진 없지만, 나는 동성애자가 아니다.

길을 잃고 바람을 만나다

레나스 초원에서 계속 계곡을 거슬러 오른다. 큰키나무들이 눈에 띄게 줄어든다. 수목 한계선인 팀버라인을 지나는 것 같다. 가끔씩 보이던 여우, 고양이, 구아나코^{남미 산지에 사는 낙타과 동물} 같은 야생동물도 보이지 않는다. 큰키나무들이 자취를 감춰 버린 자리에 키가 1cm도 안 되는 파란 꽃이 카펫처럼 피어 있는가 하면, 돌 틈에 핀 좁쌀만 한 노란 꽃이 앙증맞게 웃는다. 우리가 지금 걷는 곳은 아콩카과의 허리쯤이라는 걸 알려 주는 신호다.

등산로라 할 만한 길은 없다. 걷기 좋은 곳을 딛고 갈 뿐이다. 가끔 낭떠러지와 강물에 막혀 왔던 길로 되돌아오기를 반복한다. 그럴 때마다 가이드가 미안해서 어쩔 줄 모른다. 대원들은 과장된 어조로 괜찮다며 격려한다. 다들 태연한 척하기만 속마음까지 그런지는 모르겠다. 제대로 간 거리보다 잃어버린 거리가 더 긴 듯하다.

엎친 데 덮친 격으로 강풍을 만나 한동안 발이 묶인다. 한참을 지체했다가 간신히 바람을 헤치며 돌로 지은 대피소 까사 데 삐에드라$^{Casa de Piedra, 3,200m}$에 도착한다. 오늘도 어제와 같이 고도 400m를 올랐다. 대피소 주변의 평평한 땅에 텐트를 치는데 장비들이 미친 듯이 날린다. 부품이 멀리 날아가 찾아오면 다른 부품이 또 날아가 찾아오기를 반복한다. 도무지 진척이 없다. 바람이 잦아들어 간신히 마무리하고 보니 한 시간이 걸렸다. 평소 같으면 길어야 10분이다. 말로만 듣던 아콩카과 강풍과의 첫 만남은 강렬했다.

아콩카과는 '바람의 산'이다. 공연한 수사가 아니다. 태평양에서 불어오는 습기 머금은 바람이 안데스의 서쪽 기슭을 오르며 눈을 뿌리고 산맥을 넘은 다음 고온건조한 바람이 되어 동쪽 기후를 지배한다. 스위스의 푄, 한국 영동 지역의 높새바람과 흡사한데 이곳에선 존다^{Zonda}라 일컫는다. 이 바람이 아콩카과에서 돌풍을 일으키는 것이다. 아주 강할 때는 시속 260km에 이르기도 한다. 이곳 사람들은 그 바람을 스페인어로 비엔또 블랑코$^{Viento Blanco}$라 부른다. '하얀 바람'이라는 뜻으로 한국에서는 직역하여 '백풍'이라고 하는데, 사전에 오른 말은 아니다.

아콩카과의 바람은, 비엔또 블랑코라는 말의 어감과 의미가 연상시키는 신사적 느낌과는 거리가 멀다. 전제 군주에 가깝다. 자신의 영역 안에 들어온 모든 것을 무력화시킨다. 우리는 앞으로 바람이 불 것 같은 기미가 보이면 하던 일을 즉각 멈추고 바람이 완전히 멈출 때까지 기다리기로 했다.

돌로 지은 무인 대피소는 어떤 바람에도 꿈쩍 않겠다는 듯 돌무더기 곁에 지어졌다. 대략 4m 길이의 바른 네모꼴로 높이 2m쯤 될 것 같다. 낡은 모습은 강풍의 위력을 고스란히 보여 준다. 돌집은 뮬러들의 숙소로 쓰인다. 뮬러들이 모

아콩카과에 부는 바람의 위력을 보여 주는 까사 데 삐에드라(돌집 대피소).
이곳에서 돌풍을 만나 텐트를 치는 데 한 시간 넘게 걸렸다.

여 앉아 바람을 피하면서 쉬고 있다. 이들과 눈을 마주치고는 프라이버시를 침해한 것 같아 "실례했습니다." 하고 수습한다. "하이! 아미고." 개의치 말라는 밝은 목소리가 돌아온다.

뮬을 타고 강을 건너다

밤새 강풍에 시달렸다. 보조 가이드의 말에 따르면 그 정도는 베이비 수준이라 한다. 청소년급을 만나면 어떨지 짐작이 된다. 그래도 이곳에선 바람과 친해져야 한다. 잘 지내기는 어렵겠지만 결코 미워할 대상은 아니다.

　해가 뜨자 바람이 누그러진다. 오늘 목적지는 베이스캠프. 기분 좋게 아콩카과의 가슴속으로 한 걸음 더 깊이 들어간다. 그런데 또 난관에 봉착한다. 이번에는 바람이 아니라 강이다. 제법 깊어 보이는 데다 상당한 폭이어서 걸어서 건널 엄두가 나지 않는다. 모두들 난감해하는 사이에 가이드가 어디론가 갔다가 밝게 웃으며 돌아온다. 뮬러들과 거래를 성사한 것이다. 1인당 2달러씩 내고 뮬을 타고 건너기로 했다고 한다. 모두들 박수치며 환호한다. 뮬을 타고 강물을 가로지른다. 뮬의 배 높이까지 강물이 차오르고 물이 튀기도 하지만 모두들 재미있어 한다.

엄격한 등반 규정

베이스캠프[3,600m]에 도착한다. 출발 지점보다 1,200m 고도를 올렸다. 3일 동안 하루에 400m씩, 아주 얌전하게 아콩카과의 높이에 적응하고 있다. 베이스캠프엔 아무도 없다. 아주 멀리 보일 듯 말 듯 정상이 살짝 얼굴을 보인다. 주변엔

심산유곡에서 뜻밖의 강물이 길을 막았다.
하지만 산행의 묘미는 없는 길을 만들어 나가는 것.
물의 도움으로 강을 건넌다.

거봉들이 줄을 이어 서 있다. 기가 질린다. 저 산들을 앞으로 열흘 넘게 넘고 또 넘어야 한다. 과연 정상에 오를 수는 있을까?

가이드가 대원들의 건강 상태를 살핀다. 앞으로 매일 아침 반복될 것이다. 혈압, 당뇨, 심장박동을 주로 점검한다. 이상이 있을 경우 자진 하산해야 한다. 우리는 이미 가이드의 하산 명령에 따르겠다고 서약했다. 건강 이상으로 하산할 경우 6개월 이내에는 재입산이 금지된다. 이런 규정 때문에 등반은커녕 산 구경도 제대로 못하고 돌아가는 사례가 적지 않다. 규정을 어기고 몰래 재등반을 시도하다 적발되는 경우가 가끔 발생하는데, 비자 말소 등 엄격한 법적 제재가 따른다.

등정일 확정, 그리고 적색 경보

정상 등정 일정이 발표됐다. 앞으로 10일 후 정상에 오른다. 뮬러와 뮬은 오늘 아침 떠났다. 이제부터 각자 자기 배낭뿐만 아니라 식량, 장비, 연료 등 공동 물품도 분담해서 큰 배낭70~90리터을 지고 운반해야 한다. 대원들은 각자 자기 배낭 무게를 줄이기 위해 30kg이 넘지 않도록 필수품만 챙기고 나머지는 뮬에 실어 내려 보냈다. 그렇다 하더라도 공동 장비의 무게가 1인당 10kg으로 만만치 않다. 따라서 1인당 배낭 무게는 최소 40kg이 넘게 된다. 가이드는 등정 당일 하이캠프6,000m에서 정상까지 1인당 10kg 미만의 백팩을 운반할 포터 서비스를 빌을 수 있는데, 희망자는 등정일 3일 전까지 신청하라고 권유한다. 하지만 대원들은 1인당 1,000달러에 가까운 비용이 상식 밖이라는 듯 듣는 둥 마는 둥 흘려 버린다.

내 상식으로는 선뜻 받아들이기 힘든 일이 또 벌어졌다. "텐트메이트를 X여성으로 바꿨습니다. 고소증으로 건강 상태가 안 좋아 보이니까 수면 중 잘 살펴봐 주시기 바랍니다." 가이드가 내게 텐트메이트를 바꾸었다고 통보하면서 그녀의 건강 체크까지 당부한다. 우리는 두 명이 텐트 하나를 쓰는데, 내 또래의 미국인 텐트메이트를 여성 대원 X로 교체했다는 것이다. 하필이면 왜 내게? 부담스럽지만 거절할 수 없다. 가이드가 대장이다. 그런데 그녀는 다른 대원을 지목하면서 그가 자신과 텐트를 함께 쓸 수 있도록 가이드에게 말해 달라고, 오히려 내게 부탁한다. 적이 당혹스럽다. 내가 무슨 실수라도 했나? 아니면 내게 어떤 문제라도 있나? 민망스럽기도 하고 괜한 자책감마저 든다. 결국 그녀가 원하는 대로 됐지만 그녀는 이미 자신의 몸에 대한 통제력을 잃은 것 같다. 얼굴은 어제보다 눈에 띄게 부풀어 올랐다. 등반을 중단해야 할지도 모른다는 적색 경보가 울린 것이다.

옆 텐트에서 젊은 두 대원의 목소리가 들린다. "아침에 발기가 안 돼. 너도 그래?" "나도 그래. 위로 올라갈수록 더 할걸." 낄낄거리는 건지 심각한 건지, 표정을 볼 수 없으니 알 수 없다. 고산에서는 산소 부족에 따른 신체적·정신적 부작용이 유발된다. 그래도 아직까지 하산을 결정할 정도로 심각한 증상을 보이는 대원은 없다.

불타는 빙탑

오늘은 분담된 공동 장비와 개인 용품을 배낭에 지고 C1^{4,200m}으로 올라가 나중에 쓸 것들만 내려놓고 되돌아오게 된다. 희박한 공기에 생체 리듬을 맞추는,

녹아내리는 페니텐테스(빙탑). 지구 온난화의 현장이다.
열기에 맞서 칼끝을 세웠지만 녹아내리는 운명 앞에서 속절없었다.

침울한 기분으로 빙탑 사이를 지났다. 빙탑은 푸석푸석하고 바닥은 질퍽했다.

고소 적응을 겸한 산행이다. 이렇게 하이캠프까지 한 캠프씩 올라갔다 내려오고 다시 오르기를 반복하면서 정상에 접근한다. 이제부터 본격 등반이 시작된 것이다. 지금까진 산악 여행이었다고 할 수 있다.

바위 비탈에 무릎이 까지고 마른 흙에 미끄러진다. 숨소리가 거칠어진다. 지금부터 뮬의 도움이 필요할 것 같은데, 없다. 의지할 데라고는 나 자신뿐이다. 앞서 길을 찾으며 가던 가이드가 되돌아온다. 낭떠러지를 만난 것이다. 올라온 길을 되짚어 내려가 다른 길을 찾는다. 새로운 풍광이 펼쳐진다.

"오 마이 갓!"

누구랄 것도 없이 탄성을 지른다. 비경에 놀라는 게 아니다. 시선 아래로 드넓은 분지가 이글거리고 있다.

"만년설이 녹고 있어요. 이렇게 극심한 현장은 처음입니다."

가이드 목소리가 떨린다. 만년설은 녹고 있는 정도가 아니라 불타고 있는 것 같다. 기후 위기의 생생한 현장이다. 대원들의 낯빛이 어둡게 변한다. 시선을 돌리거나 아예 눈을 감는 대원도 있다. 평소 보지 못했던 대원들의 또 다른 모습이다. 망연자실, 그저 바라만 볼 뿐이다. 저 많은 빙탑이 녹아 흔적 없이 사라지고 머지않아 마른 땅이 되겠지. 그때가 언제일까. 이미 너무 멀리 와 버린 것일까? 한동안 무거운 침묵의 시간이 지나고, 저 역설적 불구덩이 속을 지나가야 한다는 현실을 자각한다. 녹아내리는 얼음 기둥Penitentes의 벌판을 뚫고 나가야 한다. 무작정 들어간다. 송곳처럼 뾰족한 얼음 기둥 사이로 뜨거운 바람이 지나간다. 얼음을 태우는 불길이다. 흘러내린 물은 마른다기보다는 기화한다고 표현해야 할 정도로 순식간에 증발한다. 마른 흙이 바람에 날려 얼음을 덮는다.

얼음 기둥 사이인데도 공기는 건조하다. 코를 풀면 보리쌀만 한 크기의 바싹 마른 코딱지가 튀어나온다.

온난화에 맞서는 최후의 저항일까. 덩치가 큼직큼직한 빙탑군을 만난다. 싱싱해서, 강건해서 보기는 좋지만 통과하기가 쉽지 않다. 크램폰을 신고 피켈을 꺼내 든다. 빙탑 사이를 요리조리 빠져나가지만 만만치 않다. 미로를 헤매듯 부딪치고 미끄러진다. 이곳의 얼음은 얼마나 강할까? 피켈로 빙탑의 윗부분을 툭 건드리자 푸석하게 부서진다. 크램폰 앞쪽 끝으로 바닥을 찬다. 딱딱하다. 다시 세게 찬다. 크램폰이 튕긴다. 바닥의 만년설은 살아 있다. 이 꿋꿋한 얼음에 경의를. 빙탑을 거의 더 빠져나오자 바닥이 질펀하다. 이곳은 빙탑의 머리끝부터 발끝까지 녹아내리고 있다. 똑똑 떨어지는 물방울은 마지막 숨결인 양 끊어질 듯 이어진다. 수백만 년을 살아온 만년설의 마지막 호흡이다.

'돈'으로 움직이는 팀

오늘은 C2^{4,900m}까지가 목표다. 어제보다 부족한 산소량으로 더 높이 올라야 한다. 힘든 하루가 될 것 같다. 출발에 앞서 가이드가 식량, 연료, 텐트 등 공동 장비를 11등분한다. 균등하게 나눴다지만 아무래도 차이가 날 수밖에 없다. 각자 하나씩 선택하라는 가이드의 말이 떨어지자마자 총알처럼 달려가 자기 몫을 낚아챈다. 다들 나름대로 가볍게 보이는 것을 겨냥한 것이다.

보따리 하나가 남았다, 내 몫이다. 누구든 내 처지라면 기분이 어떨까. 모욕감과 무력감이 뒤섞인 불쾌한 감정을 다스릴 재간이 없다. 지금까지 서로 돕고 배려한 행위들이 거짓이었고 위선이었단 말인가. 나는 감정을 누르지 않고 가이드에게 말한다.

"어느 사회든 성별과 연령 구분이 있고 그에 따른 기대 역할이라는 것이 있다. 스포츠에서도 특정 종목은 체급별로 경기를 한다. 그게 합리이고 평등 아닌가." 나는 짐을 분담하는 방식의 부당성을 따졌다. 그런데 여기저기서 반론이 나온다. 그 중 두 마디에 말문이 막혀 버렸다. "모두 똑같이 돈을 냈다." "짐이 무거우면 개인 포터를 고용하라." 그렇다. 틀린 말이 아니다. 이 팀은 돈으로 움직이는 상업 등반대다. 특별한 관계나 친밀도가 높은 사람들로 구성된 팀이 아니다. 돈을 매개로, 이윤을 추구하는 회사와 편익을 제공 받는 고객이 만났을 뿐이다. 이 팀의 동력은 돈이다. 돈이 힘이고, 합리고, 룰이다.

선두에 서다

휴양차 온 산이 아니다. 콧노래 부르며 오를 것이라고는 애당초 기대하지 않았다. 그렇지만 정말 힘들다. 아무리 힘들어도, 힘든 가운데서도 재미를 찾아내는 것이 내 스타일인데, 그게 쉽지 않다. 어떻게 해서라도 만들어야 한다.

C2로 가는 길은 깜깜이다. 등반대장격인 가이드도 처음인데, 로컬 가이드조차 초행이란다. 갈 길은 멀고 높은데 짐은 그냥 서 있기도 힘들 정도로 무겁다. 내려갈까? 약해지는 마음을 다잡기 위해 속도를 올려 본다. 데드 포인트를 넘어서면 조금 편해질 것이다.

대원들에게 양해를 구하고 앞장서 길을 열어 가기로 한다. "오케이. 네가 리드 해." 대원들이 수락한다. '네가 할 수 있겠어? 그럼 해봐.' 하는 눈초리도 느껴진다. 늘 중간이거나 뒤에 처졌으니 그럴 만도 하다.

맨앞에서 뒤돌아보며 첫째로 가는 기분이라니. 이렇게 좋은 걸 이제야 알았나 싶다. 저절로 에너지가 생기는 것 같다. 너덜과 빙석, 비탈이 별것이냐며 뛰어가듯 오른다. 앞서가는 정도가 아니다. 혼자 달리는 1등처럼 속도를 올린다. 뒤쪽에서 쉬었다 가자고 아우성이다. 선심 쓰듯 멈춰 서서 그들을 바라보며 앉는다. 베푸는 자의 여유마저 생긴다. "오케이, 천천히, 힘들 내!" 응원까지 한다.

경사 30도는 훨씬 넘는 돌 비탈이 앞을 막아선다. 얼었던 돌이 녹으면서 굴러 내린다. 일렬횡대로 대열을 바꾼다. 대원들이 걸음을 옮길 때마다 낙석이 쏟아진다. 아콩카과에 조금씩 적응해 나가는 것 같다. C2에 짐을 내리고 C1으로 내려갈 채비를 한다. 힘든 가운데서도 즐거움을 찾아낸 등반이었다.

바위들의 장수촌

C2는 우리에게 오를 때의 고통을 보상해 주고도 남을 장쾌한 경관을 선물한다. 오르고 또 올라도 앞을 막아서던 산들이 눈 아래에 앉아 있다. 바카스 계곡에서 여기까지 오르는 동안 만난 산색은 다채로웠다. 산자락은 엷은 핑크에서 붉은 색까지 밝고 고왔다. 조금씩 오를수록 산마루는 다양한 형상의 크고 작은 봉우리로 너울거렸다. 이곳 C2의 산세는 아래쪽과 판이하다. 봉우리는 하나같이 우람하다. 산색도 다르다. 붉다 못해 검붉다.

계곡엔 만년설이 건재하다. 흙먼지가 낀 가련한 페니텐테스^{Penitentes}가 아니다. 고산에서 눈이 다져져서 만들어진 얼음이 강한 바람과 급격한 일교차로 녹았다 얼기를 반복하면서 생긴, 뾰족한 모양으로 무리를 지은 얼음 기둥 혹은 얼음 탑을 기상 용어로 페니텐트라 하는데, 그 본래의 뜻은 참회자다. 가톨릭의 참회 의식에서 수행자가 쓰는 고깔모자를 닮은 데서 비롯되었다 한다.

깊은 골짜기의 절벽은 눈발조차 발을 붙이지 못할 정도로 가파르다. 어떤 바위벽은 주름이 촘촘하고 깊다. 웬만한 시련에는 눈도 깜짝 않을 것 같은 공력 높은 노인의 얼굴을 닮았다. 얼마나 오랜 세월 풍상을 겪어야 이런 표정을 갖게 될까. 이곳은 바위들의 장수촌이다.

"굿바이라고 말하지 마세요. 집으로 갈 뿐입니다"

고도 5,500m인 C3로 향한다. 몸은 무겁지만 정상에 가까이 다가가는 마음은 설렌다. 멀리서나마 폴라코스 빙하Polacos Glacier의 신비로운 모습을 바라볼 기회를 갖게 될 것이다. C3를 200m쯤 앞둔 5,300m 지점에서 운행을 멈춘다. 가이드가 중요한 일이라면서 심각한 표정으로 말한다.

"불행하게도 낙오자가 생겼습니다. 자신 없는 대원은 함께 하산하시기 바랍니다."

낙오자는 내 텐트메이트다. 뉴욕과 보스턴 마라톤 대회에 매년 출전해 왔다는 마라톤 매니아다. 지금까지 텐트에서 함께 잤는데 그의 컨디션이 C3에도 못 가고 하산할 정도였는지 전혀 눈치채지 못했다. 그가 전혀 내색하지 않았던 것이다. 얼마나 힘들었을까. 나도 모르게 내 손이 그의 손을 잡고 있다. 그의 눈물이 내 손등에 떨어진다. 차마 눈을 마주칠 수 없어 손을 놓고 고개를 돌린다. 2명의 보조 가이드 중 여성 가이드가 하산 길을 동행하기로 한다. 그는 하산에 앞서 이렇게 말하며 눈물 짓는다. "굿바이라고 말하지 마세요. 집으로 갈 뿐입니다. 여러분이 자랑스럽습니다. 행운을 빕니다." 모두들 그를 위로하지만 쓸

쓸한 뒷모습은 어쩔 수 없다.

'휴식이 필요하다'고 내 몸이 여기저기서 아우성이다. 엉치뼈가 쑤시고, 어깻죽지는 떨어져 나갈 것 같다는 둥 불만을 쏟아 낸다. 하긴 등반을 시작한 후 6일 동안 하루도 쉬지 않았다.

어느 마라톤 선수는 저서에서 이렇게 말했다. "완주를 하고 싶으면 몸의 말에 귀 기울여라Listen Body." 몸이 하는 말을 잘 듣고 원하는 걸 해주어야 달릴 수 있다는 것이다. 설사 실패해도 또 도전할 수 있는 노하우를 얻게 된다고 했다. 이 말이 어디 운동에만 해당할까. '안 쉬면 더 못 가' 하고 내 몸에서 빨간불이 깜빡거린다. 때마침 내일 하루 쉰다고 가이드가 말한다.

휴식도 소용없는 고소증

하루 푹 쉰 덕분에 산소량이 평지의 50%인 C3^{5,500m}까지 무리 없이 올라왔다. 입맛이 없어 저녁을 통 먹을 수 없다. 쑤셔 넣듯 반쯤 먹고 남긴 음식을 옆자리 대원이 한 입에 삼킨다. 어제 쉬었는데도 고도 때문인지 머리가 띵하다. 남들보다 먼저 텐트에 들어왔다. 오후 8시. 물병 2개와 오줌병 1개를 머리맡에 놓고 눕는다. 한동안 꼼짝도 않았는데 오히려 두통이 심해진다. 공기 중 산소량이 부족하다고 머리에서 신호를 보내는 것이다.

마지막 캠프인 C4^{6,000m}의 산소량은 47%이고, 정상^{6,962m}은 41%이다. 고도가 오를수록 기압은 반비례해서 낮아진다. 진공 포장된 쿠키 껍질이 빵빵하게 부풀어 올랐고, 다운재킷 상의도 불룩해졌다. 여기서 골프 티샷을 날린다면 얼마나 멀리 날아갈까 하는 생각에 피식 웃는다. 7번 아이언의 내 평균 비거리가

150m인데 200m를 너끈히 넘길 수 있겠다고 상상하면서 고소증을 달랜다.

캔디 껍질도 무겁다

햇빛 찬란하던 아침 날씨가 급변한다. 서쪽 하늘에서 무서운 속도로 구름이 다가오더니 검게 변한다. 싸락눈을 내리붓는다. 눈을 뿌리던 먹구름은 언제 그랬냐는 듯 한 시간을 못 넘기고 떠나간다. 햇살이 쏟아진다. 신설을 입은 하얀 산이 눈부시다. 이번엔 자외선이 기승을 부린다. 선글라스만으론 부족하다. 고글을 겹쳐 쓴다. 들어야 할 '몸의 말'이 늘어난다.

　가이드가 손짓으로 부른다. 캔디를 비롯한 행동식을 펼쳐 놓고 껍질을 벗기는 중인데 함께 하잔다. 등정할 때 나눠 가질 행동식이다. 양이 꽤 많다. 함께 벗기고 껍질 한 움큼 쥐어 무게를 느껴 본다. 이게 무거워? 잘 모르겠다. "정상에 가까울수록 무게를 더 느끼게 된다. 캔디 껍질조차도 고산에서는 짐이 된다."는 가이드의 말에, 함께 껍질을 까던 대원이 경험담을 들려준다. "식량과 행동식이 10kg이었는데 500m 오를 때마다 2kg씩 버렸다. 그 덕분에 정상에 올랐지." 그는 십대인 친구 딸의 7대륙 최고봉 등정을 지원하는 중이라 한다. 십대의 도전 정신도 남다르지만, 친구 딸의 손과 발이 돼 주는 이 친구의 마음 씀씀이가 더 대단해 보인다. 가이드는 앞쪽으로 보이는 설벽과 설사면을 가리키며 안데스산맥에서 가장 이름난 폴라코스^{Polacos} 빙하라고 알려 준다.

춥고 높을수록 텐트 속은 안방 같다

어제부터 수시로 돌변하던 날씨가 오늘 아침 마침내 일을 낸다. 하이캠프인 C4

가는 길이 폭설로 덮였다. 출발 예정 시간인 오전 8시를 지나 10시가 넘도록 눈이 그치지 않는다. 더 기다릴 수 없다는 듯 가이드가 눈길을 터 나간다. 싸락눈이 몇 발 앞도 못 볼 정도로 쏟아진다. 그러나 조용히 수직으로 내린다. 바람이 없다는 얘기다. 그나마 다행이다. C4에 도착한 즉시 짐을 내려놓고 부지런히 C3로 내려간다.

바람 같은 속도로 텐트 속으로 들어간다. 포근하기 이를 데 없다. 높이 오를수록, 추울수록 안방처럼 포근하고 아늑해진다. 고산 등반에서 누릴 수 있는 즐거움 가운데 하나다. 저녁 일찍 누웠는데 금방 깊은 잠에 빠져들었다. 텐트를 가볍게 두들기는 소리가 잠결에 들린다. 눈 내리는 소리가 틀림없다. 벌떡 일어나 지퍼를 열고 내다본다. 싸락눈이 내리고 있다. 이 눈이 우리의 등반에 어떤 영향을 미칠까. 폭설이면 어쩌지? 걱정이 잠을 몰아낸다. 기우이기를 바라며 다시 잠을 청한다.

기상 악화로 등정일이 연기되다
"기상 악화로 등정일을 하루 연기합니다."
가이드가 텐트를 돌며 등정일 연기를 알린다. 일기가 계속 나쁘면 더 연기될 수 있다는 말도 덧붙인다. 어젯밤 기우가 현실이 됐다. 아니, 기우일 수가 없다. 이곳은 안데스에서도 해발 5,500m의 고지대다. 날씨가 좋아지길 기대할 뿐이다. 우리가 할 수 있는 건 그것뿐이다. 등정의 열쇠는 하늘이 쥐고 있다. 하늘만 바라본다. 이 또한 하늘의 배려일까. 예정에 없던 휴식 시간을 하루 더 갖게 되었다. 지친 몸에는 좋긴 한데 마음은 좀 무겁다.

아콩카과는 '바람의 산'이라고들 말하지만 그것만으로는 아콩카과를 다 표현할 수 없다. 아콩카과는 '태양의 산'이기도 하다. 한때 안데스에 깃든 사람들을 지배했던 잉카 제국은 자신들의 창조주를 태양이라고 믿었다. 잉카 제국에서는 그들의 왕을 '태양의 아들'이라 불렀다.

바람과 태양은 대립 관계가 아니다. 바람 또한 태양의 아들이다. 아콩카과의 바람이 전제 군주라면 태양은 그 군주를 다스리는 제국의 왕이다. 왜 그렇지 않겠는가. 안데스의 험준한 땅에서 그 무엇도 태양의 권능 없이 존재할 수 없다. 그래서 나는 안데스의 태양신에게 간청한다. 길을 열어 달라고. 아콩카과의 정수리에 빛을 내려 달라고.

바람, 아무리 강해도 왔다 갈 뿐

눈발이 오락가락하다가 수그러든다. 캠프의 분위기는 아침부터 시끌벅적하다. 어제 오후에 독일 팀이 왔고, 오늘 아침엔 미국 팀이 눈을 흠뻑 맞으며 왔다. 우리 팀만 있을 때와는 다르게 정상 등반을 향한 열기가 고조된다. 세 팀 모두 출발 준비가 돼 있다. 그런데 어느 팀도 먼저 나서지 않는다. 어느 팀이든 먼저 출발하면 뒤따르겠다는 눈치다.

목마른 사람이 먼저 우물을 판다더니, 독일 팀이 못 이긴 척 일어나 눈밭으로 들어간다. 미국 팀이 그 뒤를 따른다. 우리 팀은 작전 성공이다. 독일 팀은 쌓인 눈을 헤치고 길을 열어 나가는 러셀의 고통을 감수한다. 뒤에서 볼 때 속 터질 정도로 느리다. 우리는 앞 팀이 밟은 발자국을 따라 쉬엄쉬엄 가장 늦게 C4^{6,000m}에 도착한다. 마지막 캠프다.

또 바람이다. 비엔또 블랑코. 높은 곳을 좋아하는 걸까. 횟수가 점점 잦다. 국지적이지만 강풍이다. 눈이 날리면서 시야를 가린다. 일찍 도착해서 얼마나 다행인지 모른다. 텐트 안에서 침낭에 몸을 묻는다. 바람이 불든 말든 심각하게 생각하지 않기로 한다. 위력이 대단한 건 사실이지만 바람일 뿐이다. 세상 어디에도 눌러앉는 바람은 없다. 지금 내가 해야 할 일은 내일을 위해 무조건 쉬는 것이다.

내일이면 정상에 오른다. 긴장으로 캠프의 분위기가 가라앉았다. 모두 말이 없다. 2인용 텐트에서 3명이 꼼지락거리며 장비 점검 등 내일 새벽에 일어나면 바로 출발할 수 있도록 준비를 끝낸다.

나는 운전수, 가이드는 자동차

정상까지 올라야 할 높이 962m. 현재 시간 새벽 3시. C4에 돌아와야 할 시간은 일몰 전. 늦어도 15시까지 등정해야 빠듯하게 맞출 수 있다. 출발 인원은 대원 10명과 가이드 2명을 합하여 12명.

"렛츠 고!" 가이드가 앞장서 출발한다. 그 뒤를 내가 따른다. 머릿속이 하얗다. 간밤에 잘 잤는지, 지금 날씨가 좋은지, 몸 상태가 어떤지, 머릿속에 그 어떤 생각도 없다. 시선을 발끝 앞에 두고 가이드의 발자국에 맞춰 걷기에 전념한다.

어제 가이드와 대원에게 양해를 구했다. "내가 느린 건 모두 안다. 중간에 내가 끼면 팀의 진행에 방해가 된다. 뒤쪽이면 내가 낙오될 수 있다. 가이드 바로 뒤에서 최선을 다하겠다. 괜찮겠나?" 모두 흔쾌히 응낙한다. 가이드가 천천히 가면 괜찮은데 빠르면 힘에 부친다. 가이드의 뒷다리든 스틱이든 툭 치면서 속도를 줄여 달라고 시그널을 보낸다. 내가 운전수이고, 가이드가 자동차인 셈이다. 고맙게도 잘 응해 주고 대오도 흐트러짐이 없다. 캄캄하지만 자연의 소리, 사람의 소리로 생동감이 넘친다. 크램폰에 눈 밟히는 소리, 스틱이 눈 찍는 소리, 거친 숨소리.

하늘이 붉어지는가 싶더니 불끈 해가 솟는다. 양쪽 계곡이 내려다보이는 능선의 너럭바위 위에서 첫 휴식을 취한다. 대원들의 몰골이 하나같다. 방한모는 성애로 하얗고 바람에 노출된 양쪽 뺨은 푸르죽죽하다.

"내려가세요. 더 가면 죽습니다"

날이 밝아 오자 온기를 느낀다. 모두들 축 처진다. 햇빛 아래서 감각을 되찾자 비로소 현실감을 느끼는 모양이다. 어둠 속에서는 멀쩡했다. 무조건 걷기만 하는 야간 산행 효과가 어둠과 함께 사라진 것 같다.

가이드가 대원의 상태와 인원을 점검하더니 보조 가이드와 여성 대원 X가 안 보인다며 표정이 굳어진다. 기다리면 오겠지. 애써 낙관한다. 30분이 지나자 너무 기다리게 한다고들 불평한다. 아래쪽 먼 곳에서 두 사람이 가물가물 움직이는 게 보인다. 가이드가 뛰어 내려간다. 무슨 일일까? 한참이 지나자 둘이서 X를 부축해서 올라온다. 그녀는 기진맥진한 상태다. 대원들은 걱정을 하면서 더 이상 등산은 불가능하겠다며 하산을 권유한다. 가이드가 하고 싶은 말이었지만 차마 꺼내지 못하는 걸 대신해 준 것이다. 마침내 결단한 듯 가이드가 말한다. "하산하세요. 당신은 정상까지 못 갑니다." 그러나 먹히지 않는다. 올라가겠다, 내려가라, 한동안 옥신각신하며 시간이 지체된다. 가이드의 인내심에 바닥이 드러난다. 최후통첩을 하듯, '맘대로 하라'며 대화를 끝낸다. 나는 명령했고, 너는 불복종했으니 결과는 네 책임이라는 뜻으로 들린다. 설득을 포기하고 출발한다. 10분가량 지났을까. 그녀를 돌보며 뒤처져 따라오던 보조 가이드가 다급한 목소리로 가이드를 부른다. X가 쓰러진 채 꼼짝도 못한다. 가이드가 내려가 또 명령한다. "내려가세요. 더 가면 죽습니다." 가이드의 명령은 또 묵살된다. 그녀의 맹목적 등정 의지가 현실적 판단을 가로막는 것 같다.

죽음을 각오한 것일까. 필사적으로 일어나 걸음을 뗀다. 하지만 금방 맥없이 주저앉는다. 다시 따라오지만, 또 무너진다. 지켜보기 어려울 만큼 처참하다. 급기야 가이드는 화를 감추지 않으며 고함을 질렀다. "마지막 명령입니다. 거절하면 당국에 신고하겠어요." 가이드는 X의 배낭을 우격다짐으로 벗겨 아래쪽으로 던진다. 보조 가이드가 그녀를 부축해 내려간다. 하산인들 제대로 할 수 있을까. 이제 가이드는 1명이다.

그녀에게 아콩카과 도전은 두 번째다. 다시 또 도전할까? 돌아서며 남기는 울부짖음이 대답일지도 모르겠다. 하지만 내게는 그 울음의 의미를 해석할 능력이 없다. 그녀의 등정 의지는 집착일까, 집념일까. 가이드의 하산 명령은 최선일까. 제3의 방법은 없었을까.

바위가 되어 강풍에 맞서다

눈 비탈로 들어섰다. 강풍이 쌓인 눈을 후벼 판다. 눈보라가 뺨을 때린다. 섭씨 영하 30도다. 내 앞의 대원이 부들부들 떤다. 나는 더 심하게 떤다. 모두들 춤을 추는 듯하다. 치아 부딪치는 소리가 귀청을 때린다.

오전 11시쯤, 공포의 설사면을 간신히 빠져나와 동북면^{약 6,500m}의 절벽 밑에 이르자 다시 강풍이 몰아친다. 지금까지 만난 바람과는 격이 다르다. 이번엔 진짜 킬러다. 위쪽은 직벽이고, 아래쪽은 낭떠러지다. 바람은 우리 모두를 날려 버릴 것 같다. 누가 먼저랄 것도 없이 순간적으로 둥글게 모여 서로 어깨를 잡고 쪼그려 앉는다. 바위처럼 뭉친 것이다. 바람 못지않게 빠른 속도였다. 몸이 날아가는 위기는 모면했지만 앙칼진 설풍의 긴 꼬리가 기세를 꺾지 않는다. 치아가 부딪치고 몸이 떨리는 집단 춤판이 또 벌어진다. 영하 40도. 10도 더 떨어졌다.

"유 투!"
정상을 코앞이다. 오후 2시. 하이캠프에서 출발한 지 11시간이 지났다. 정상까지 남은 높이는 불과 100m 남짓인데 천 리 길처럼 아득하다. 가이드가 기력을 상실한 이스라엘 대원에게 하산 명령을 내린다.

"내려가세요." 명령에 앞서 가이드는, 며칠 전 이쯤에서 스위스 팀의 한 대원이 뇌수종으로 숨졌다고 말한다. 하산 명령보다 더 무겁게 들렸다. 이스라엘 대원은 순순히 발길을 돌린다. 돌봐줄 가이드가 없어 혼자다. 여기까지 따라온 것만으로도 무리였다. 대원 11명 중 세 번째 낙오자다.

이어서 가이드가 시선을 돌린다. 나를 째려본다. "유 투^{You Too}!" 이미 심작했던 바다. 나 또한 하산한 대원보다 나을 게 없다. 컨디션으로 보자면 벌써 하산했어야 했다. 그러나 나는 대답 대신 배낭을 벗어 버린다. 배낭을 버린 행동은 무엇을 의미하는가. 배낭이란 무엇인가. 제2의 생명 아닌가. 생존을 위한 성냥,

칼, 간식, 의약품, 신분증 등 모든 것이 들어 있다. 죽어도 좋다는 의사 표시를
한 것이다. 가이드에겐 면책의 명분을 준 것이기도 하다. 너는 네 의무를 다했
고, 네 책임은 없다는 걸 내 행동으로 분명히 해준 것이다. 증인이 될 목격자도
많다. 가이드는 눈치가 빠르다. 등반 중 위기 상황에 대처하는 솜씨가 고수다.
가이드는 꺾을 수 없는 내 의지를 읽은 듯 앞장서 진행을 서두른다. 이를 앙다
물고 걸음을 내딛는다. 하지만 움직여지지 않는다. 내 몸은 이미 스스로 컨트롤
할 수 있는 한계를 벗어났다. '리슨 바디'고 뭐고, 그런 건 소용없다. 분명 위기다.

혼절 또 혼절

걷고 있을까, 기고 있을까. 거리감도 고도감도 느낄 수 없다. 무의식, 무감각 상
태다. 풀린 다리가 폭삭 무너져 고꾸라진다. 비몽사몽 상태에서 숨을 고른다고
애쓰지만 마침내 정신을 잃고 만다.

"정상이다! 오른쪽이 정상이다!"

불현듯 외침이 들린다. 정신이 번쩍 들고, 힘이 솟는다. 평지 같은 비탈이다.
20~30m쯤 앞일까. 사진 찍는 대원들의 모습으로 어렴풋이 정상임을 느낀다.
평지인지, 언덕인지, 정상인지 구별이 안 된다. 달리듯 다가간다. 사실은 걷는
지 기는지조차 모르는 상태다.

무릎 높이의 두 팔 벌린 허수아비가 서 있다. 생긋 웃는 듯한, 인형 같은 어
떤 형태가 그 옆에 흐트러져 있다. 정상의 첫 모습이다. 대원들은 사진을 찍느
라 분주하다. 나도 무의식 중에 사진을 찍는다. 결국 해냈다. 그리고 멈췄다. 모
른다. 잊었다. 또 쓰러졌다. 마라톤 전투의 승리를 알리고, 그 자리에 쓰러진 옛

둥글넓적한 아콩카과 정상.
두 팔 벌린 허수아비와 사진을 찍고 쓰러져 정신을 잃었다.
허수아비가 아니라 십자가라는 사실은 하산 후 얘기를 듣고 알았다.

그리스의 병사가 이랬을까.

"정상이다!"

감격하고 싶었다. 정상에서 이렇게 해야지, 하고 머릿속에 그려 둔 그림이 있었다.

"정상이다! 더 오를 곳이 없다!"

남들처럼 호기롭게 감격하고 싶었다. 페넌트를 펼쳐 들고, 나 여기 정상에 섰노라고, 자랑스런 모습을 남기고 싶었다.

"렛츠 고!"

내 몸을 흔들며 가자고 깨우는 소리가 귓가에 맴돈다. 얼굴이 차가운 느낌으로 간질간질하다. 눈이 스르르 떠진다. 눈이 부슬부슬 내려와 얼굴에 닿는다. 이미 이곳저곳에 희끗희끗 쌓여 있다. 한동안 정신을 잃었다 깬 것이다. 1분이 지났는지, 10분이 지났는지 모른다. 쌓인 눈으로 어림해 보면 10분 넘게 혼절한 듯싶다. 이미 사진을 찍었는데 하얗게 잊고 또 찍는다. 목숨과 바꿀 뻔한 기념사진이자 증명사진이다.

세 번째 기절

가벼운 마음으로 즐거워야 할 하산 길이 오를 때보다 고통스럽다. 다리는 풀렸고 정신은 혼미하다. 흐느적거린다. 뒷덜미를 움켜쥐고, 양팔을 잡아 주는 동료들의 도움으로 해질 무렵 하이캠프에 도착한다. 또 폭삭 쓰러진다. 혼절도 자주 하면 습관이 되는 모양이다. 세 번째다.

잠을 자고 있는지 깨어 있는지 모르겠다. 내 생애에 이렇게 긴 밤은 처음인 것 같다. 새벽녘에야 의식이 돌아온다. 눈 뜰 힘조차 없다. 눈을 감은 채 어제 일어난 일들을 더듬어 본다. 강풍의 공포가 등정의 기억보다 더 또렷하다.

깊은 산 속 비경을 만끽하다

어쨌든 목적을 달성했다. 기쁘다. 동료들이 하이캠프의 텐트 밖에 모여 설산의 하얀 너울을 만끽하고 있다. 나도 끼어든다.

"기분 어때?"

"좋아졌어?"

활짝 반기는 이들의 도움이 없었다면, 나는 지금 이 자리에 없을지도 모른다.

"땡큐! 땡큐!"

최대한 허리를 굽혀 두 번 세 번 고맙다는 말을 거듭한다. 마음으론 열 번 백 번 이어진다. 경치가 환상적이라면서 한 대원이 크게 외친다.

"우리는 행운아야."

"그래. 동감이야."

십자가와 성모 마리아상 곁이었다

오늘과 내일 내려가면 등반이 끝난다. 등산 15일, 하산 3일, 모두 18간의 일 정을 마침내 마무리 짓는다.

하산 길에, 등정을 눈앞에 두고 낙오했던 대원이 정상에서 뭘 봤냐고 묻는 다. 본 것 없었다고, 솔직하게 대답한다. 십자가와 성모 마리아상을 못 봤냐고 재차 묻는다. 혹시? 머리에 스친다. 그것이 십자가이고, 성모상인 줄 몰랐다. 두

팔 벌린 허수아비, 헝겊으로 둘둘 감긴 인형으로 보일 뿐이었다. 혼절했던 그 자리가 십자가와 성모 마리아상 곁이었다.

집으로

칠레 산티아고행 비행기가 아르헨티나 멘도사를 떠난다. 안데스산맥을 동쪽에서 서쪽으로 가로지른다. 줄을 잇는 하얀 고봉들이 내려다보인다. 전쟁이 끝나고 귀향하는 병사의 기분이 이럴까? 왜 눈물은 행복할 때도 나는 것일까?

"땡큐, 아콩카과!"

세 번 거듭한 혼절로 얻은 등정보다 지금 이 순간 한 방울의 눈물이 전하는 뺨의 온기가 나를 더 행복하게 한다.

2006.01.01~01.24

엘브루스

Elbrus 5,642m

신화의 땅에
신처럼 서다

넓은 가슴을 지닌 아름다운 대지는 일어섰네.
대지는 만물의 굳건한 발판이라네.
아름다운 대지는 자신과 맞먹는,
별들로 가득한 하늘을 제일 먼저 낳았네.
하늘은 대지의 온 사방을 다 뒤덮고
축복받은 신들을 위한 영원한 거처가 될 것이라네.

헤시오도스(고대 그리스 시인)

엘브루스^{5,642m}. 유럽 최고봉이다. 하지만 19세기 초반까지도 엘브루스는 그저 수많은 산 가운데 하나일 뿐이었다. 이 산이 알려지기 전까지 유럽 최고봉의 자리는 알프스 몽블랑^{4,807m}의 차지였다. 세계의 산에 대한 특별한 관심이 없는 사람에게 엘브루스는 이름조차 생소했다. 지금도 크게 다르지 않을 것 같다. 따라서 이 산을 제대로 알기 위해서는 '캅카스산맥'에 대한 이해가 선행되어야 한다.

'캅카스산맥? 거기가 어디지?' 하고 갸우뚱하는 사람도 적지 않을 것 같다. 그렇다면 '코카서스산맥'이라 해보자. 귀에 익었을 것이다. 그렇다. 코카서스^{Caucasus}가 바로 캅카스^{Kavkaz}다. 코카서스는 캅카스의 영어식 표기고, 캅카스는 현지 러시아어 발음대로 로마자로 표기한 것을 한글로 적은 것이다. 이 산행기에서는 코카서스가 우리 귀에 익숙하다 할지라도 현지음 존중 원칙에 따라 캅카스로 적는다.

캅카스산맥은 흑해와 카스피해 사이에 동서로—명확히는 서북서에서 동남동 방향으로—이어진 산줄기를 말한다. 지도로 본 느낌으로는 이 산줄기 가운데에 서서 양팔을 벌리면 양손에 두 바다에 닿을 것 같지만 그 길이는 약 1,200km에 이른다.

통상 유럽과 아시아를 가르는 기준은 동쪽으로 러시아를 종단하는 우랄산맥, 남쪽으로는 캅카스산맥이다. 우랄산맥의 동쪽 시베리아가 러시아의 영토인 데 비해 캅카스산맥의 남쪽은 매우 다양한 국가와 인종, 언어, 문화가 공존한다. 우선 흔히 캅카스 3국이라 일컫는 조지아 · 아제르바이잔 · 아르메니아, 남서쪽으로 튀르키예, 튀르키예에서 지중해를 건너면 그리스다. 남쪽으로는 이라크 · 시리아 · 레바논을 비롯한 중동으로 연결된다. 당연히 그리스 · 로마, 페르시아, 기독교와 이슬람 문화가 교차한다.

캅카스산맥은 '신화의 땅'이다. 그 사연을 알게 되면 비로소 우리는 고개를 끄덕이며 캅카스산맥을 친근하게 느끼게 될지도 모른다. 그리스 신화에서 프로메테우스가 인류에게 '불'을 전해 주고 제우스의 노여움을 사서 바위에 묶인 채 독수리에게 간을 파 먹힌 형벌을 당한 산이 바로 캅카스다. 그런데 왜 제우스는 신들의 놀이터였던 올림포스산을 두고 멀리 캅카스에 프로메테우스를 묶었을까. 위험한 상대일수록 가까이 두고 감시하는 것이 현명했을 텐데. 이 의문에 대해서는 엘브루스를 오르면서 풀어 보도록 하자. 그래야 산을 오르는 일이 조금은 더 흥미로워질 테니까. 어쨌든 캅카스산맥은 알게 모르게 우리와 가까운 산이었다. 엘브루스는 캅카스산맥에서 가장 높은 산이다.

차창 밖으로 펼쳐지는 '상상 미술관'

로스앤젤레스를 떠나 모스크바 붉은광장에서 먼저 도착한 한국 대원들과 합류한다. 모두 11명이다. 러시아 남쪽, 캅카스산맥의 북쪽 소도시 미네랄니예보디를 향해 비행기로 이동한다. 낡은 여객기의 요란한 소음, 매캐한 매연 냄새가 떠도는 실내 공기에도 현지인 승객들은 무덤덤하다. 불안하고도 불편한 비행이 3시간 동안이나 계속된다. 다행히도 착륙은 부드럽다. 승객들이 승무원들에게 박수를 보낸다. 야유인지 격려인지 조금 어리둥절했는데, 알고 보니 이곳의 문화라고 한다. 수긍이 간다.

전용 버스를 타고 이트콜로 이동한다. 버스로 5시간 정도 달려야 한다. 이트콜은 엘브루스 등반 기점이자 휴양지로 이름난 캅카스의 산마을이다. 버스 차창 밖 전원 풍경은 달리는 스크린이다. 화첩에서 봐 왔던 걸작들이 오버랩된다. '양귀비 밭Poppy Field, 모네'을 지나고, '방앗간 풍차The Mill, 렘브란트'가 돌아간다. 그 앞에 우뚝 서 있는 '사이프러스Cypress, 고흐'는 대지와 하늘을 연결하는 상징처럼 보인다. 고흐는 사이프러스를 이집트의 오벨리스크 같다고 했다. 이 나무를 소재로 〈해바라기〉 같은 그림을 그리고 싶어 했고, 〈사이프러스가 있는 밀밭〉 같은 작품을 남겼다. 고흐는 해바라기를 끔찍이도 좋아했고, 많이 그렸다. 해바라기가 심어진 들판이 끝없이 펼쳐진다. 고흐가 이 풍경을 봤다면 그의 삶이 달라졌을지도 모르겠다. 일하는 아낙네들의 모습은 그대로 그림이다. 햇볕에 그을린 얼굴이지만 '모나리자Mona Lisa, 레오나르도 다빈치'에 못지않다. 입술을 다문 듯 연 듯 웃는 모습은, 자연과 일체를 이루지 않으면 이룰 수 없는 삶의 아름다움 속으로 들어가는 비밀의 열쇠 같다. 이런 나의 마음을 헤아렸을까. 버스가 멈춘다. 소 떼가

엘브루스의 산마을 이트콜로 가는
버스 안에서 바라본 해바라기꽃 들판.
고흐의 그림을 떠올리게 한다.
창밖 풍광은 우리가 익히 아는 명화를
오버랩시키면서 드넓게 이어졌다.

도로를 가로지르고 있다. 행렬은 10분 넘게 이어진다. 명화 감상의 여운이 길게 이어진다.

마침내 캅카스

지평선 위로 희끗한 점 하나가 아련하게 보인다. 롱테이크로 줌인되는 스크린의 영상처럼 서서히 다가오는 하얀 산줄기. 캅카스산맥이다. 흰구름과 흰 능선이 한 몸을 이루고 있다. 그 가운데 구름을 뚫고 높이 솟은 봉우리가 엘브루스다. 알프스의 몽블랑^{4,807m}보다 835m 높다. 갑자기 차 안은 환호하는 대원들의 열기로 달아오른다. 일제히 엘브루스가 보이는 창문 쪽으로 몰린다. 당장이라도 오를 듯 눈에 불을 켠다. 흥분한 대원들이 한쪽으로 쏠리는 바람에 핸들을 잡은 운전기사의 팔뚝에 핏줄이 일어선다.

자동차 소음이 숲의 적막을 깬다. 캅카스산맥의 그늘 속에 들어섰다는 뜻이다. 동서로 뻗은 총연장 1,200km^{남북 폭 160km}의 볼쇼이[*] 캅카스산맥 아랫자락인 박산계곡^{Baksan, 2,500m}의 산골 마을 이트콜에 도착했다. 모텔에 여장을 푼다. 하늘을 가린 울창한 숲이 석양의 붉은 빛에 물든다. 관광객 모드였던 팀 분위기가 차분히 가라앉는다.

짭짤한 공기

첫 밤을 지낸 이른 아침, 숲속의 싸늘한 공기로 뼛속까지 상쾌하다. 어슬렁거리듯 마을을 둘러본다.

"공기가 짭짤하죠? 어떻게, 느껴지십니까?"

동료 대원에게 아침 인사를 건넨다.

"여기 바다 아니에요."

조크 섞인 나의 인사에 동료 대원이 정색하며 대답한다. 물론 틀린 말이 아니다. 그렇다고 내 말이 터무니없는 농담은 아니다. 이곳으로 오기 전 자료를 뒤지다가, '정상에서 흑해와 카스피해를 모두 볼 수 있다'는 대목에서 번쩍 눈이 뜨였다. '설마?' 하던 마음은 설렘으로 바뀌었다. 엘브루스에서 보는 바다는 어떤 모습일까? 얼마나 넓게 보일까? 엘브루스 등정에 대한 기대가 부풀어 올랐다.

예의 그 대원은 혹시 내가 무안해 할 것 같았는지, 아무렇지도 않은 듯 웃음을 지어 보인다. 나도 화답한다. "우리 꼭 등정합시다." 이렇게 말을 하고 나서, '정상에 오르면 나의 조크를 이해할 겁니다'는 말을 삼킨다. 이 대원은 정상에 오른 다음에야 내 말 뜻을 이해하고 웃게 될 것이다. 만약 잊고 있다면, 다시 물어 볼 것이다. '공기가 짭짤하죠?'

세상의 끝, 캅카스

모델 앞 빈터에 둥글게 모여 체조와 스트레칭으로 몸을 풀고 고소 적응 등반에 나선다. 오늘 목적지는 엘브루스 남쪽 체켓봉^{3,050m}이다. 중턱까지는 스키 리프트를 이용한다.

체켓봉은 꽃산이다. 발끝에서 머리끝까지 온통 꽃이다. 햇빛이 드는 곳이면 어디든 꽃동산이다. 7월 제철을 만난 꽃들은 잎을 활짝 열고, 있는 대로 향기를 내뿜는다. 체켓봉뿐만 아니라 엘브루스 언저리의 모든 산이 각양각색의 꽃으로 덮여 있다. 바람이 불면 향기가 리듬을 탄다. 진하고 연한 냄새가 하모니를

체켓봉에서 본 엘브루스 정상(화면 위 왼쪽 봉우리인 서봉)과 쌍을 이룬 동봉.
눈길을 따라 마음이 정상을 거니는데, 시샘이라도 하듯 구름이 산허리를 에워쌌다.

이룬다. 7월의 캅카스에는 햇빛과 바람이 연주하는 향기의 교향곡이 흐른다. 아마도 제우스는 캅카스의 꽃향기를 맡아 보지 못한 모양이다. 그가 캅카스의 꽃향기를 한 번이라도 맡아 봤다면, 프로메테우스에게 형벌을 내릴 장소로 캅카스를 선택하지 않았을 것이다.

엘브루스 산행기를 읽다 보면 그리스 신화의 한 토막인 프로메테우스의 형벌 얘기가 빠지지 않는다. 엘브루스가 그 현장이라는 것이다. 다수의 글이 그렇다. 엄밀하게 보자면 왜곡이다. 바르게 말하자면 그리스 신화에서 제우스가 프로메테우스를 묶은 곳은 '캅카스산맥의 바위'다. 신화에서는 이렇게 말한다.

"하늘을 찌를 듯 드높이 솟은 바위에 아무도 풀 수 없는 사슬로 매어 놓았네."

신화의 어디에도 엘브루스는 언급되지 않는다. 캅카스 남쪽의 조지아 사람들은 캅카스산맥의 가운데에 있는 카즈베기산Kazbegi, 5,047m을 프로메테우스가 묶여 있던 곳이라 여긴다. 뿐만 아니라 그리스 신화보다 오래된 이야기인 조지아의 '아미라니Ami rani' 신화에서 프로메테우스 신화가 만들어졌다고 믿는다. 두 신화의 스토리는 유사한데, 아미라니 신화는 인류에게 '불'이 아니라 '쇠붙이' 사용법을 전해 주었다.

신화는 사실에 바탕을 둔 이야기가 아니다. 엘브루스면 어떻고 카즈베기면 또 어떤가, 하고 말할 수 있다. 어차피 지어 낸 이야기인데 진위를 따지는 자체가 웃기는 얘기일 수도 있다. 마찬가지 논리로, 그리스 신화의 권위에 기대어 신비성을 더하려는 것도 유치하다.

신화는 말 그대로 신들의 이야기다. 지금 우리의 시각으로는 황당할 수밖에 없다. 그렇지만 거짓말과는 다르다. 누군가를 속이려는 거짓말이 아니라 그것이 만들어진 당대 사람들의 세계관이 투영된 창작이다. 고대인들에게 신화는 종교, 철학, 과학이었다. 우주와 인간의 기원에 대한 의문, 자연으로부터 느끼는 공포에 대한 대답이었다.

고대 그리스인들에게 캅카스는 세상의 끝이었다. 그래서 프로메테우스를 묶어 둘 곳으로 선택된 것이다. 그 의미의 무게를 간과하고 단순히 특정 봉우리에 프로메테우스를 묶어 두려는 시도는, 불과 문명 탄생의 의미를 한낱 에피소드로 전락시킨다.

알프스에 비해 자연스러운 캅카스

"저기 봉우리 두 개 보이죠." 가이드가 마주 보이는 큰 산을 가리킨다. 부드럽게 솟은 두 봉우리로 이루어진 엘브루스 정상이다. 왼쪽이 주봉인 서봉^{5,642m}이고, 오른쪽이 동봉^{5,621m}이다. 두 봉우리 사이의 거리는 1.5km지만 멀리 떨어져 있어 거리감이 느껴지지 않는다.

한 줄기 구름이 산허리를 두른다. 그 아래 산자락은 꽃잔치로 흥겹다. 한낮의 햇살이 다정한 눈길로 꽃을 쓰다듬는다. 서늘한 바람이 이마의 땀을 씻어 준다. 고소 적응을 위한 등반은, 설산을 보며 꽃동산을 거니는 소풍으로 바뀌었다. 순찰 중인 두 명의 군인이 그늘에 서서 손등으로 땀을 훔치고 있다.

꽃 만발한 캅카스산맥을 걷노라니 자연스럽게 알프스산맥이 떠오른다. 알프스는 여행과 등반으로 몇 번 가 봤다. 캅카스와 알프스. 무엇이 같고, 다를까. 경치 좋기로는 우열을 가리기 어렵다. 다른 점이라면 편의성이다. 알프스는 스키장, 호텔, 산장 등이 잘 갖춰졌지만 캅카스는 그렇지 않다. 캅카스가 더 자연

설산 자락의 꽃동산. 햇빛과 바람이 연주하는 향기의 교향곡이 흐른다.

스럽다는 의미다.

"안녕하쎄요." 한 현지 젊은이가 서툰 한국말로 인사한다. 러시안 가이드 블라디미르다. 그가 나타나자 한국인 가이드는 물러선다. 블라디미르가 영어로 말한다. 한국말은 인사말 정도만 가능한 것 같다.

"엘브루스를 즐기세요 행복한 산입니다." 블라디미르가 캅카스산맥에 대해 간단히 설명한다. 캅카스는 나란히 뻗은 두 산맥인 볼쇼이 캅카스와 말리 캅카스로 이뤄졌는데, 엘브루스는 볼쇼이 캅카스의 최고봉이다. 말리 캅카스의 길이는 볼쇼이 캅카스의 절반 정도인 600km다. 이 두 캅카스산맥을 중심으로 러시아, 조지아, 아르메니아, 아제르바이잔, 이란, 튀르키에 등 여섯 나라가 산자락을 나눠 자리 잡고 있다.

고대 그리스인들은 세계를 커다란 원반 같다고 인식했다. 그들은 세계가 자신들을 둘러싸고 있는 '지중해'와 그 동쪽의 '흑해'로 나누어져 있다고 믿었다. 흑해 건너 장벽처럼 높고 긴 산줄기는 세상의 끝이었다. 나는 그 세상의 끝 캅카스의 정상에 오르려 한다.

편안한 베이스캠프, 잘 먹고 잘 자서 고민

정상 등정 과정은 단순하다. 아자우2,200m와 미루3,470m까지는 관광용 케이블카, 니나카라바시3,750m까지는 스키 리프트로 이동한다. 베이스캠프 격인 배럴 산장Barrel, 3,900m까지도 설상차를 탄다. 정상 등정 외에는 기계가 대신 걸어 주는 셈이다. 단 고소 적응 등반은 예외다.

정상은 배럴 산장에서 해발 고도 1,742m를 오른다. 이른 새벽에 출발해야 베이스캠프 역할을 하는 와인 숙성용 오크통 모양의 산장(3,900m).
그래서 배럴 산장이라 불린다.
전기 히터로 난방이 완벽하고 식당에서는 따뜻한 음식을 내놓는다.

해 지기 전에 돌아올 수 있는 거리다. 아이거, 마터호른 등 알프스 3대 북벽과 몽블랑 정상 등반[1박 2일]과 맥락이 비슷하다. 꼬집어 비교하자면 이곳 엘브루스가 알프스의 봉우리보다 난도가 낮은 반면, 추위와 고소 문제가 따른다.

숙식 모두 편리하다. "원정 맞아?" 할 정도다. 와인 숙성용 오크통 모양의 커다란 알루미늄 캔 같은 배럴 산장은 대피소 겸 베이스캠프로 이용된다. 모두 9동인데 군용 막사와 비슷하다. 내부는 중앙 통로 양쪽에 나무 침상을 만들어 놓은 구조다. 30여 명이 너끈히 잘 수 있다. 전기 히터를 가동해 하품이 나올 정도로 실내가 훈훈하다. 바깥 경치를 감상할 수 있게 만든 산장 같은 별채의 식당에서는 한국에서 갖고 온 재료로 요리하여 세 끼 모두 한식으로 제공한다. 아랫마을에 사는 여인들이 취사를 전담하는데 맛있게 잘한다. 전망 좋은 식당에서 우리 음식을 잘 먹고 편하게 잔다. 유럽 최고봉 등반이라기보다는 관광을 즐기는 게 아닌가 하는 착각이 들 정도다. 정상 등정을 못 했을 경우, 핑곗거리를 찾는 데 꽤나 머리를 써야 할지도 모르겠다.

날씨, 엘브루스 등정의 열쇠

어제까지 멀쩡했던 일부 대원들이 고소증으로 고통스러워한다. 짧은 시간에 1,700m를 급상승한 것이 화근이다. 산소량 70%[아자우]에서 60%[배럴 산장]로 10%가 감소했으니 고소증 유발은 당연하다. 적응이 유일한 처방이다. 그래도 안 되면 500m 이상 하산하는 것이 치료제다. 부스럭거리는 소리가 잠결에 들린다. 밤 1시. 옆 자리의 일본인 대여섯 명이 등정 준비를 끝내고 살며시 나간다.

아침을 배불리 먹는다. 한국 식당을 옮겨 온 듯하다. 반찬 종류도 많다. 인스

배럴 산장에서 퓨리웃 산장(4,200m)으로 고소 적응 등반 중인 등반대(맨 앞쪽이 지은이).

턴트 한 가지만 먹는 유럽인들이 힐끔힐끔 쳐다본다. 종류가 다양해서 부러워하는 건지, 많이 먹는 게 이상해서 그러는지 잘 모르겠다.

새벽에 떠났던 일본 팀이 돌아왔다. 눈 속에 묻혔다 나온 듯 몰골이 엉망이다. 얼굴은 퍼렇게 얼었고 방한모와 다운재킷에는 고드름이 주렁주렁 매달렸다. 올라갈수록 바람이 심해 발길을 돌렸다고 한다. "그럴 줄 알았어. 바람 소리가 심상찮았는데도 가더라니." 우리 팀의 한 대원이 딱하다는 듯 중얼거린다. 일본 팀에는 20대 초반의 조총련계 재일교포가 있는데 7대륙 최고봉을 오르는 중이라고 한다.

산정을 덮었던 먹구름이 배럴 산장 아래 산 중턱까지 흘러내린다. 깊은 계곡이 운해로 넘실거린다. 까마귀들이 구름을 뚫고 창공으로 솟구치며 운해와 하늘을 바쁘게 드나든다.

"오늘 일과를 무사히 보낼 수 있도록"

"굿, 베리 굿!" 가이드가 신났다. 정상으로 가는 길목에 있는 퓨리웃 산장^{4,200m}을 왕복하는 고소 적응 훈련 행렬이 자로 잰 듯하다며 칭찬을 쏟아 낸다. 그도 그럴 것이 한국 대원들은 하나같이 가이드 못지않은 베테랑급이다. 가이드는 덕분에 자기 할 일이 없다며 아래서 만나자 하고는 스노보드를 타고 날렵하게 내려간다. 보통 실력이 아니다. 위쪽에 보이는 검은 화산돌로 이루어진 파츠코브릭^{4,800m} 둔덕이 내일 고소 적응 훈련 목적지다.

한 줄기 하얀색의 인간 띠가 갑자기 나타나 스키를 지치며 지나간다. 찔믹힌 총을 멘 10여 명의 군인 산악 스키어들이다. 상당히 빠르다. 곧이어 서쪽 능선을 넘어 올리브 색깔 군복 차림의 군인 20여 명이 다가온다. 왠지 움츠러들었는데 본체만체 지나간다. 일정한 대오로 보무당당하다. 눈동자는 앞만 주시한다. 과연 마음도 그럴까? 한 대원을 시작으로 다들 박수를 보낸다. 아무런 반응도 없다. 군인이라는 자의식이 강하게 작동하는 것 같다. 첩첩산중에서 외국인들의 박수갈채를 받으면 조금은 우쭐할 법도 할 텐데 말이다. 그 정도의 현시욕도 없다면 군 생활은 너무 무미건조할 것이다.

냉기가 몸속으로 스며든다. 군인들 구경에 예정에 없던 휴식 시간이 너무 길어졌다. 청명했던 하늘이 회색으로 돌변하더니 10분도 채 지나지 않아 다시 맑아진다. 고소뿐 아니라 돌변하는 일기에도 적응해야 할 것 같다.

고봉들이 손에 잡힌다. 카즈베기^{5,047m}, 디치타우^{5,198m}, 코시탄타우^{5,150m}, 시하라^{5,000m} 등 몽블랑보다 높은 볼쇼이 캅카스의 거봉들이 하늘을 떠받치고 있다. "오늘 일과를 무사히 보낼 수 있도록 도와주셔서 감사합니다." 가이드 블라디미르가 대원들 앞에서 일과를 끝내며 기도한다. 뜻밖이다. 그래서일까. 기도의 의미가 새삼스럽다. 그래, 기도란 이런 것이지.

마지막 고소 적응 훈련

운해에서 떠오른 햇살이 찬란하다. 파츠코브락까지 해발 900m를 오르는 눈밭이 빛과 구름으로 얼키설키하다. 하늘이 빛을 바꾸면 설산이 따라 바꾼다. 검은 구름이면 검은 산이고, 흰구름이면 흰 산이다. 안개가 끼면 회색이다. 하늘과 땅이 한 호흡으로 역동한다.

상행 3시간. 휴식 30분. 하행 1시간 30분. 모두 5시간의 고소 적응 등반을 마쳤다. 이제 정상을 오르는 일만 남았다. 내일이면 결말이 난다. 날씨는 좋을까. 고소 적응에 문제는 없을까. 성패가 갈리는 대원들의 마음은 어떻게 요동칠까. 정상에 서면 무엇이 보일까. 흑해와 카스피해, 두 바다를 다 볼 수 있을까. 긴장된 마음은 갖가지 의문을 일으킨다. 내일 어떤 일이 벌어질지, 확신할 수 있는 건 아무것도 없다. 하늘만 알 일이다.

"사표 내고 왔어. 반려됐으면 좋겠어"
"오전 2시에 출발합니다. 일기예보는 쾌청입니다. 행운을 빕니다."
블라디미르의 짤막한 발표가 대원들을 고무시킨다. 또한 긴장시킨다. 현재 시간은 오후 6시. 앞으로 8시간 남았다. 일찍 침낭에 몸을 묻고 지퍼를 턱밑까지 올려 잠을 청하지만 오히려 의식이 또렷해진다. 작은 유리창으로 저녁 햇살이 들어온다. 가족들의 얼굴을 떠올려 본다. "힘들면 내려오세요." 집을 떠날 때 아내는 이렇게 말했다. "아빠, 즐겨!" 손 흔들던 아이들도 보인다. 잠 못 이루는 사람은 나뿐이 아니다. 대원들의 소곤거림이 귀가 아니라 가슴에 닿는다.

"2년 전이야. 여기 오려고 마음먹은 때가. 겨울 설악산 두 번, 한라산에서 3일을 지냈어." A대원이다.

"틈만 나면 산에 갔으니 와이프 불만이 오죽하겠어. 애들도 그렇지 뭐. 회사에 사표를 냈는데 반려됐으면 좋겠어." B대원이다.

"야! 할 일 다하고 온 놈 어딨냐. 다들 그래. 나는 애들^{친구}한테 원정비 도움도 받았어." C대원이다.

평범한 사람들의 산에 대한 열정은 이렇다. 직업 산악인들이나 엄청나게 돈이 많은 사람들은 어떨지 모르겠지만, 오직 산이 좋아서 산을 오르는 평범한 사람들에게는 엘브루스 정도의 산을 오르는 데도 많은 것을 희생시켜야 한다. 본의 아니게 주위 사람들에게 폐를 끼치기도 한다. 어떻게 쉽게 잠이 오겠는가.

별빛을 밟으며 은빛 바람을 탄다

오전 2시. 밤하늘은 맑다. 한 줄기 바람이 인다. 달빛이 별빛을 흔든다. 별빛이 떨어져 눈밭에 앉는다. 은빛 눈바람이 인다.

마침내 출발이다. 모두들 아무 말이 없다. 설상차의 엔진 소리가 적막을 깨고 눈밭을 오른다. 엔진 소리가 높아져 갈수록 산은 더 과묵해진다. 10분쯤 올라 설상차가 멈춘다. 설상차의 궤도를 밟고 뛰어내린다. 크램폰이 안정적으로 박힌다. 청빙의 느낌이 아니라 다행이다. 날씨, 설질, 컨디션 모두 좋다. 일단 등반 장애 요인은 없는 셈이다. 등정 성패는 추위와 고소증과 우발적 사고에 달렸다. 천천히 걷자. 고소를 예방하는 최상의 백신 아닌가.

묵언 정진하는 수행자처럼 한 발짝 한 발짝 엘브루스의 정수리로 다가간다. 서서히 시야가 트이면서 태양이 고개를 내민다. 오렌지색과 노란색이 섞인 하늘빛이 캅카스의 하얀 능선을 물들인다. 계곡의 그림자도 옅어진다. 오늘의 천지가 창조되고 있다. 신화의 시대에도 이렇게 하루가 열렸을 것이다.

"죽겠어요. 내려갈래요"

날아갈 듯 앞서가던 대원 한 명이 뒤로 처진다. 뒤따라오는 간격이 점점 벌어지더니 더 못 견디겠다는 듯 발길을 돌린다. 사람이 뒷모습을 보이지 않고 살 수는 없다. 모든 뒷모습이 쓸쓸하게 보이는 것도 아니다. 하지만 어떤 뒷모습은 아리다. 지금 동료의 뒷모습이 그렇다.

쉽다며 여유를 보이던 또 한 명의 대원도 심상치 않다. 얼굴이 고무풍선처럼 부풀어 올랐다. 이럴 땐 못 본 체하는 게 예의다. 올라가라는 말도, 내려가라는 말도 내가 할 말은 아니다. 그저 마음속으로 '힘내' 하고 소리칠 뿐이다. "죽겠어요. 내려갈래요." 주저앉고 만다. 고개를 떨구고 넋 놓은 동료를 뒤로 하고 앞으로 나아간다. 돌아보자 동료는 계속 앉아 있다. 등정에 대한 미련을 버리지 못하는 것이다. 손을 들어 어서 올라가라고 손짓한다. 나도 손을 들어 조심히 내려가라고 손짓한다. 힘들기로 치면 나도 그와 다르지 않다. 고개를 돌리고 걸음을 옮긴다. '미안하다'는 말도 꺼내지 못하겠다.

한 손은 피켈, 한 손은 스틱으로 마지막 고비를

오전 8시. 동봉과 서봉이 갈라지는 안부^{鞍部, 5,300m}에 도착한다. 6시간 동안 쉼 없이 걸었다. 생각할 것도 없었고, 눈이 오는지 바람이 부는지도 관심 밖이었다. 고개를 숙이고 눈밭만 보며 걸었다. 간식을 먹고 있는 가이드 곁에 풀썩 주저앉아 덜렁 눕는다. 흰구름이 한가롭고 햇살이 따사롭다. 앞으로 2시간만 잘 버티면 된다. 해발 고도 342m만 높이면 정상이다.

"한 손은 스틱, 다른 손은 피켈을 쓰세요." 가이드가 힘주어 말한다. 좌우 균형을 잡기 어려울 정도로 비탈진 곳을 걷게 된다는 의미다. 가이드는 바람도 세차게 불 것이므로 앞으로가 고비라며 거듭 조심할 것을 당부한다. 옷매무새를 가다듬고 장비를 점검한다.

엘브루스 정상(서봉)에서 본 동봉.

예상보다 바람은 잠잠하지만 호흡이 심하게 가쁘다. 앞서 길을 열어 나가는 가이드가 대원들의 운행 속도를 조절한다. 한 무리의 백인들이 정상에서 내려온다. 한껏 흥분된 상태다. 그들 중 한 명이 불끈 쥔 주먹을 내밀면서 "올모스트 데어Almost there!"를 목청껏 외친다. '거의 다 왔어!' 어느 산에서든, 정상에 올랐던 사람이 오르는 사람에게 공통적으로 건네는 위로의 말이다. 가이드는 "고! 고!"를 외치면서 20분 남았다고 힘을 돋운다. '성공하겠구나' 하는 확신과 함께 가슴이 벅차오른다. 두 달 전인 지난 5월의 실패디날리가 떠오른다. 집으로 가는 기내에서 눈물을 흘렸다. 이번엔 웃을 수 있을 것 같다.

"도와주셔서 감사합니다!"
열 걸음쯤 정상을 앞두고 멈춰 선다. 정상 표지석을 바라보며 흥분을 누른다. 마음을 가다듬는다.
　'도와주셔서 감사합니다.'
　'무사 하산을 기원합니다.'
　나 혼자만의 의식을 치렀다.
　정상 표지석 뒤에 두 다리를 힘껏 세우고, 두 팔을 위로 뻗고, 하늘을 본다. 감격을 누를 길 없다. 유럽의 정상에서 외친다.
　"정상이다!"
　페넌트를 펴 든다.
　'갓 블레스 이 패밀리God bless Yi family.'
　창공에 날린다.

유럽의 정상에 '똑바로' 서다

아시아와 유럽을 가르는 산줄기가 눈 아래서 하얗게 빛난다. 맑은 날씨 덕분에 흑해와 카스피해가 모두 보인다. 나는 행운아다. 지금 이 순간 엘브루스는 '행복의 산'이다.

눈뭉치를 다져 동쪽으로 던지면 카스피해, 서쪽으로 던지면 흑해에 떨어질 것이다. 물론 풍덩 소리는 듣지 못하겠지만, 눈이 녹은 물은 언젠가 바다로 흘러들어 갈 것이다. 세상 모든 것은 서로 연결돼 있다. 지금 이 순간 나의 두 발은 대지와 굳건히 연결돼 있다.

그리스 신화에 따르면, 프로메테우스가 인류에게 '불'을 전해 주기 전에 먼저 한 일이 있다. 인간을 '직립'시키는 일이었다. 인간을 다른 짐승들보다 더 우월하고 고귀하게 만들기 위해, '신처럼 똑바로' 걷게 한 것이다.

나는 지금 엘브루스의 정상에 '똑바로' 서 있다. 엘브루스에 오른 이유로 이것이면 충분하다.

2006.07.07~07.17

에베레스트
Everest
8,848m

Denali

Elbrus

Everest

Killimanjaro

Carstensz

Aconcagua

Vinson

산 중 산

나는 다시 등반할 겁니다.
처음은 실패했지만 다음은 꼭 성공할 겁니다.
왜냐하면 에베레스트는 이미 다 자랐지만
나의 꿈은 아직도 계속 자라고 있기 때문입니다.
에드먼드 힐러리(1919~2008)가 에베레스트 첫 도전 실패 후 남긴 말

정상이 몇 걸음 앞이다. 일단 멈춘다. 걸음을 내디딜 엄두가 나지 않는다. 체력적으로든 정신적으로든 나에겐 아무런 문제가 없다. 그런데 왜 나는, 가슴이 터질 것 같은 감격은커녕 오도 가도 못하는 난감한 처지가 되었는가. 그 이유라는 것이 거창하다면 그냥 돌아서는 호기라도 부릴 텐데, 그렇지도 않다.

정상은 북새통이다. 발 디딜 틈이 없다. 10여 명이면 빠듯할 정상에 30여 명이 한 덩어리로 엉켰다. 기상 조건이 좋은 날을 기다렸다가 티베트와 네팔 두 나라에서 한꺼번에 몰렸으니 아수라장이 되는 건 당연하다.

한참을 기다리다가 나도 등정자의 무리에 끼어든다. 모두가 하나의 연체동물처럼 뒤엉킨다. 내 몸은 나의 것이 아니다. 운동신경을 관장하는 나의 뇌는 멀쩡하지만 통제력을 행사하지 못한다. 이리저리 밀리는 와중에 산소 마스크와 밴드를 연결하는 고리가 끊어지고 만다. 바닥에 떨어진 산소 마스크가 크램

폰에 밟혀 뭉개진다. 나의 폐가 짓밟히고 있는 것이다. 금방 숨이 막힌다.

8,848m 높이에서 산소량은 평지의 3분의 1에 불과하다. 이런 곳에서 산소 마스크를 쓰지 않은 나 같은 아마추어는 물 밖에 던져진 물고기와 같다. 물고기라면 파닥거리기라도 할 텐데, 나는 아무것도 할 수 없다. 허리와 무릎 관절에 힘이 빠지면서 하체가 스르르 무너진다. 푹, 주저앉고 만다. '아, 이렇게 죽는구나.' 잠시 내가 의식한 건 '죽는구나' 하는 느낌뿐이다. 보이는 것도, 들리는 것도 없다. 실낱 같은 감각으로 죽어 가고 있다는 것을 느낀다. 죽음에 대한 공포, 슬픔 같은 건 없다. 희한하게도 고통스럽지 않다. 오히려 웃고 싶은데 웃어지지 않는다는 것이 내가 느끼는 마지막 감정이다. 나는 죽어 간다.

에베레스트, 내가 못 가면 내게로 데려온다

에베레스트 등반 전 7대륙 최고봉 중 네 곳을 올랐다. 그 중 등정 성공은 세 곳, 한 곳은 실패했다. 킬리만자로, 아콩카과, 엘브루스의 정상에 올랐다. 디날리에서는 초반에 무너져 실패했다. 싸운 것도 아닌데 전적이라 말하는 건 우습지만, 4전 3승 1패다. 꽤 괜찮은 성적이다.

7대륙 최고봉 등정 목표를 세운 다음 국내외를 막론하고 미친 듯이 산을 찾았다. 지난 연말 연초^{2006~2007년}에는 쿰부 히말라야의 아마다블람^{6,812m}을 한국 대학생들^{리더 오은선}과, 한 달 전에는 랑탕 히말라야의 얄라봉^{5,500m}을 김해팀^{리더 김재수}과 등반했다. 에베레스트 등정을 위한 준비 등반이기도 했다. 2년 전 에베레스트 베이스캠프 트레킹을 포함하면, 이번의 에베레스트 등반은 네 번째 히말라야 등반이다. 킬리만자로, 아콩카과, 디날리, 엘브루스 등반을 합하면 해외 원정 횟수는 모두 8번이다. 2년 동안 집에 머물렀던 기간은 6개월 정도다. 3년 안에 7대륙 최고봉을 모두 오르는 것으로 계획했고 이제 1년 6개월이 지났으니, 1년 6개월 안에 이번 등반까지 4대륙의 정상을 올라야 한다. 하나 마나 한 말이겠지만, 에베레스트가 고비다. 7대륙 최고봉 등정 성패의 분수령이 될 것이다. 성공한다면 남은 일정이 순조로울 것이고, 그 반대라면 7대륙 최고봉 완등이라는 목표는 8,000m 아래로 곤두박질할 것이다.

에베레스트 등반은 죽음의 지대를 통과해야 하는 일이다. 결코 여행 같은 산행이 될 수 없다. 날씨, 사고, 팀워크 등 예측 불가능한 변수가 상존한다. 행운이 따라 주지 않으면 불가능하다는 얘기다. 실패를 전제하지 않을 수 없다. 만약 그렇게 된다면? 또 시도할 것이지만 올해 안에는 불가능하다. 내년 등반 시즌까지 기다려야 한다. 더구나 재등반해야 할 디날리도 쉬운 산이 아니다. 이 두 산은 재등정을 시도해도 성공을 확신하기 어렵다. 하나라도 어긋나면 7대륙 최고봉 등정을 3년에 이룬다는 계획은 실패로 끝난다.

3년 안 7대륙 최고봉 등정. 아무래도 무리가 아닐까. 1년 더 연장해야 할까. 온갖 생각이 꼬리를 문다. 상념이 에베레스트 높이로 쌓이지만 그것으로는 에베레스트를 1m도 오를 수 없다. 어떻게든 한 걸음이라도 오르는 것이 중요하다. 내가 당장 에베레스트로 달려갈 수 없다면, 내게로 에베레스트를 데려와야 한다. 내 몸을 에베레스트에 최적화시키는 일, 바로 그것이다.

최선만으로는 오를 수 없는 산, 에베레스트

에베레스트를 오르기 위한 최선의 준비는 체력 단련이다. 어떤 분야든 기술적 완성도의 높이는 기본기에 비례한다. 디날리에서 돌아온 다음 단 하루를 쉬지 않고 몸을 단련했다. 로스앤젤레스 피트니스 클럽에서 매일 평균 3시간씩 기초 체력을 다졌다. 로스앤젤레스 근교에서 가장 높은 발디산³⁰⁶⁴ᵐ을 매주 2~3회씩 하이킹했다. 시에라네바다산맥의 주봉인 휘트니산⁴⁴²¹ᵐ은 한 달에 두 번 정상까지 올랐고, 존 뮤어 트레일ᴶᴹᵀ은 갈 때마다 5~7일씩 걸었다. 338km에 달하는, 미국에서 가장 유명한 장거리 트레일인 JMT에는 눈보다 발이 익숙할 정도로 자주 갔다. 어느 지점의 샘물 맛이 좋고, 어느 곳의 경치가 빼어나고, 어디에서 모기 떼가 극성을 부리고, 곰이 어슬렁거리는 곳은 어디인지 훤히 꿰뚫었다.

27kg 남짓되는 배낭을 메고 시에라네바다산맥의 4,000m급 고산을 오르고 또 올랐다. 단 한 명의 사람도 만나지 못한 날도 많았다. 시에라가 통째로 내 것인 것 같았다. 내 몸은 지금껏 내가 한 번도 가져 보지 못한 모습으로 변해 갔다. 앙상해 보일 정도로 군살이 사라졌다.

20년 넘게 매년 요세미티의 거벽 엘캐피탄을 등반하는 한국인 클라이머가 있다. 나의 산 친구 윤길수다. 그와 함께 엘캐피탄 트리플 다이렉트⁹⁷⁰ᵐ, ³⁰피치를 등반할 때였다. 그는 내 체력에 놀라워하며 허벅지를 만져 보고는 이렇게 말했다. '와! 완전 돌이네.'

아무리 간절해도 의지만으로 에베레스트를 오를 순 없다. 에베레스트에 걸맞은 몸을 갖춰야 한다. 그렇다 해도 최소한의 자격일 뿐이다. 에베레스트의 정상에 서기 위해서는 최선만으로는 부족하다. 그 이상의 것, 행운이라고밖에 말할 수 없는 그 무엇이 필요하다. 에베레스트이기 때문이다.

팡라와의 약속

서울에서 에베레스트 원정대에 합류했다. 전원 한국인 20명으로 구성된 김해 팀이다. 윤길수를 통해서 김해 팀의 김재수 대장을 알게 됐고, 이인정 대한산악연맹 회장과 장봉완 전무가 추천하여 멤버가 됐다.

카트만두에서 버스를 타고 네팔과 티베트 국경에 이른다. 국경에는 네팔의 코다리와 티베트의 장무가 인접해 있다. 장무에서 중국 비자를 받은 다음 지프를 이용하여 딩그리에 도착했다. 딩그리에 이틀 머물면서 고소 적응을 위해 인근의 산을 하이킹한 다음 팡라^{5,200m}를 넘었다. 팡라는 히말라야 최고의 전망대 역할을 하는 고개다. 에베레스트를 중심으로 왼쪽으로 마칼루^{8,463m}, 로체^{8,516m}, 오른쪽으로 초오유^{8,201m}, 시샤팡마^{8,046m}, 마나슬루^{8,163m}가 파노라마로 펼쳐진다.

팡라에는 기둥을 세워 연결한 긴 줄에 불경의 구절을 적은 오색의 타르초^{風幡}가 무수히 걸려 있다. 막대를 세워 한 폭의 길다란 천에 경문을 적은 룽다^{風馬}와 모양은 다르지만 의미는 같다. 바람을 타고 진리가 널리 퍼져 중생이 해탈하도록 기원하는 것이다. 타르초 사이에 묶어 놓은 카타도 셀 수 없이 많다. 카타는 불교도들이 신에게 존경의 마음을 바치고 축복을 기원하는 흰색 스카프다. 이 고개를 넘는 여행자나 트레커 또는 히말라야 원정대원들이 돌아올 때 풀겠다며 묶어 놓은 것도 많다. 나도 카타를 묶는다. 그리고 약속한다. 꼭 돌아와서 내 카타로 하여금 원을 이룬 기쁨을 누리게 해주겠노라고.

초모룽마 또는 사가르마타

에베레스트 정상은 티베트와 네팔, 두 나라가 공유한다. 하지만 정상에 금을 긋고 내 땅, 네 땅을 따지지는 않는다.

에베레스트의 높이를 최초로 확인한 때는 1852년이다. 당시 영국 식민지였던 인도의 대삼각측량국에서 측량했다. 그때 붙인 이름은 K15. 현지에서 부르는 이름을 몰랐기 때문에 카라코람산맥의 머리글자 K를 붙여 만든 측량 기호였다. 이후 1865년에, 1820년대부터 1840년대까지 인도 측량국장이자 자오선 측정의 책임자였던 조지 에베레스트$^{\text{George Everest}}$의 이름을 붙여 에베레스트$^{\text{Mt. Everest}}$라 명명했다. 영국의 패권주의가 작동한 것이다. 나중에 티베트에서 예부터 부르던 이름이 초모룽마라는 것을 알게 됐지만 이미 에베레스트란 이름으로 굳어진 다음이었다. 초모룽마는 티베트어로 '세계의 여신' 또는 '세상의 모신'이라는 뜻이다. 네팔에서는 사가르마타라 부른다. 산스크리트어로 '하늘의 머리^{또는}$_{\text{이마}}$'라는 뜻이다.

에베레스트의 정상으로 가는 루트는 티베트 쪽과 네팔 쪽을 합쳐 20개가 넘지만 거의 노멀 루트로 오른다. 초모룽마는 북동릉, 사가르마타는 남동릉이 노멀 루트다. 등반 인구는 과거에는 티베트의 북동릉이 대세를 이루었으나 중국이 티베트를 점령한 후 인원을 제한해 현재는 네팔의 남동릉이 주를 이룬다.

에베레스트와 첫 대면

마침내 초모룽마 베이스캠프$^{5,200\text{m}}$에 들어선다. 만년설을 덮고 누운 빙하도 봄기운에 꿈틀거릴 것 같은 4월 초. 꿈에도 그리던 에베레스트와 얼굴을 마주하게 된 것이다. 베이스캠프에서 본 에베레스트는 지구상에서 가장 높은 산인데도 그렇게 높아 보이지 않는다. 로스앤젤레스 근교에 있는 3,000m 정도의 산

처럼 보인다. 사실 이상할 게 없다. 베이스캠프의 높이가 이미 5,200m이기 때문이다. 베이스캠프에서 정상까지의 높이는 3,648m다. 이 높이가 앞으로 한 달 넘게 걸려 오르게 될 실질 등반 고도다. 9,000m에 가까운 높이의 희박한 산소량을 고려하면, 실제로 3,648m인 산과는 비교 불가능하긴 하다. 참고로 네팔 쪽 베이스캠프에서는 에베레스트 정상이 보이지 않는다. 푸모리, 눕체 등 6,000~7,000m 산들이 베이스캠프 주변을 에워싸고 있기 때문이다.

역시 에베레스트다. 정상을 보는 첫 순간의 느낌부터 어느 산과 확연히 다르다. 숨이 멎을 듯 가슴이 두근거리는 한편 두려움이 밀려온다. 경외감이라고밖에 다른 표현을 찾기 어렵다. 어느 산에서든 등정일 전날 밤에야 느꼈던 긴장, 불안, 설렘이 베이스캠프에 들어선 첫날부터 한꺼번에 밀려오기는 처음이다.

베이스캠프라는 '산촌'

베이스캠프BC는 원정대의 총본부다. 모든 일의 시작과 끝이 이곳에서 이루어진다. 블랙박스처럼 등정의 빛과 실패의 그림자 모두를 기억하는 공간이다. 불분명한 등정과 미화된 실패, 대원 간 감정 대립, 원정 비용 의혹과 같은 추문, 성공과 실패의 후유증 등 극한의 등반 상황에서 잠시 동결되었던 문제들이 슬금슬금 모습을 드러내는 곳이다. 어떤 날은 에베레스트 등정을 향한 벌거벗은 욕망의 저잣거리가 되었다가, 또 어떤 날은 등반 윤리의 법정이 되기도 한다.

히말라야가 아니라면, 베이스캠프는 보통 올 때와 갈 때 두 번 머물렀다가 떠난다. 그러나 에베레스트 베이스캠프는 도착 첫 날부터 마지막 날까지 실게는 한 달 가까이 머물게 된다. 우리 팀의 등반 스케줄을 보면, 입촌한 날인 4월 7

에베레스트 베이스캠프(티베트). 지구의 꼭짓점 에베레스트 정상이 한눈에 들어온다.
보이는 대로라면 당장이라도 오를 것 같지만 베이스캠프에 도착한 후 정상까지 50일이 걸렸다.

일부터 퇴촌한 날인 5월 26일까지 총 50일간인데, 실제 등반 일수는 42일이다. 이를 캠프별로 보면 베이스캠프에서 28일간으로 가장 많고, 그 다음은 전진 캠프가 14일을 차지한다. 그 나머지 8일은 중간 캠프에서 3일, 캠프3에서 3일, 캠프4에서 1일, 캠프5에서 무박^{등정일}인 1일의 분포를 보인다. 좀 더 설명하자면 베이스캠프와 전진 캠프는 82%에 달할 정도로 캠프 생활의 중심 터전이 된다.

등반 시즌 동안 에베레스트 베이스캠프는 다인종, 다국적 대원들로 이루어진 국제 산촌이다. 당연히 사람 사는 곳이라면 어디든 일어나는 희로애락이 펼쳐지게 마련이다. 확인 불가능한 소문이 떠돌고, 공공연한 사실이 비밀처럼 이 텐트 저 텐트를 옮겨 다닌다. 내가 리포터는 아니지만, 글 중간중간에 있는 그대로의 베이스캠프 모습을 스케치해 볼까 한다.

자주 오르내려야 성공적으로 오를 수 있다

우리 팀의 등반 방식은 베이스캠프에서부터 정상까지 곧장 오르는 알파인 스타일이 아니라, 산의 높이에 적응하면서 올라가는 극지법이다. 등반 방식으로서 극지법이란 용어가 어색할지도 모르겠는데, 극지 탐험 초기에 안전하게 극점에 도달하기 위해 여러 개의 전진 캠프를 설치한 방식을 히말라야 등반에 차용함으로써 붙은 이름이다. 베이스캠프와 정상 사이의 캠프는 등정 가능성을 높이는 한편 하산 시 극한의 상황에 처한 등반자를 지켜 줄 수 있다.

극지법 등반은 전통적·보편적이지만 기간이나 물량, 경비, 인원, 쓰레기 등이 과다하다는 것이 문제점으로 지적된다. 등반 가치를 추구하면서 실험성을 우위에 두는 일부 직업 등반가는 상당히 오래전부터 알파인 스타일로 에베레스트를 등반하지만 아직도 극지법 등반이 보편적이다.

에베레스트 등반에서는 보통 베이스캠프 위로 다섯 곳에 캠프를 설치하고 올라갔다 내려오기를 반복하면서 정상에 접근한다. 중간 캠프[Intermediate Base Camp, IBC=C1], 전진 캠프[Advanced Base Camp, ABC=C2], 세 번째 캠프[Camp3=C3], 네 번째 캠프[Camp4=C4], 다섯 번째이자 마지막 캠프[Camp 5=C5] 순으로 설치하고 C1~C5라 통칭한다.

등반 순차별로 고도에 적응하며 높이를 쌓아 가는 방식은 다음과 같다.

제1차 등반: BC-C1

제2차 등반: BC-C1-C2-C3

제3차 등반: BC-C1-C2-C3-C4

제4차 등반: BC-C1-C2-C3-C4-C5-정상

캠프별 해발 고도와 산소량은 다음과 같다.

BC: 5,200m, 52%.

IBC: 5,800m, 48%.

ABC: 6,400m, 45%

C3: 7,100m, 41%

C4: 7,600m, 38%.

C5: 8,300m, 35%.

정상: 8,848m, 33%.

'라마교'가 없는데 '라마제'를 지낸다고?

BC에서 텐트를 배정받는다. 1인 1텐트인데 3인용 크기다. 짐을 풀고 '라마제' 부터 지낸다. 에베레스트에서는 공식 등반에 앞서 라마제를 지내는 것이 관례 다. 셰르파들은 그 전엔 정상 쪽으로 올라가지 않는다. 그런데 이 라마제는 종 교 의식 이상의 다양한 의미를 함축하고 있다. 이것에 대해 말하려면 약간의 공 부가 필요하다. 재미없을지도 모르지만 그 정도의 부담은 감수할 만한 주제다. 100년 안팎의 에베레스트 등반 역사의 내밀한 세계로 안내할 키워드 가운데 하 나이기 때문이다. 그곳으로 조금만 들어가 보자.

　우선 라마제란 이름에 대한 검토가 필요하다. 추정컨대 티베트불교를 라마 교라고 통칭하는 데에 따른 오류인 것 같다. 티베트에는 라마교라는 말 자체가 존재하지 않는다. 근세에 유럽인들이 티베트불교를, 티베트어로 가장 존귀한 사람 또는 스승^{blama}을 뜻하는 라마에 착안하여 라마이즘^{Lamaism}이라 칭하면서 라 마교라는 말이 생겨났다. 오리엔탈리즘의 산물이기도 한 이 용어를 우리 또한 무비판적으로 수용한 것이다. 그런데 언제부터 라마제란 말이 쓰이게 되었을 까? 한국의 유명 산악인들이 셰르파들의 종교 의식을 라마제라 칭하고, 한국 언 론에서 검증 없이 받아 쓴 데서 비롯된 것이 아닐까 싶다. 서구에서는 이 의식 을 '푸자^{Puja}' 또는 '푸자 세레모니^{Puja ceremony}'라 한다. 서구에서 오히려 현지 문화 를 존중하는 것 같기도 하다. 실은 마땅한 번역어가 없어서이겠지만.

　푸자는 공양^{供養}, 기도, 예배 등을 뜻하는 산스크리트어다. 이 말이 중국에 들 어왔을 때 '공양'으로 번역되어 한국 불교에도 그대로 수용됐다. 한국의 사찰에 서 '불보살에 공양을 올린다'는 말을 흔히 하는데, 이때 공양의 의미는 푸자와 같다. 힌두교에서는 거의 일상화된 의식이다. 힌두교도들은 신을 불러들여 기도하고 찬탄하는 푸자로 하루를 시작한다. 대부분 집단이 아니라 혼자 혹은 가족 단위로 이루어진다.

티베트불교도들도 푸자와 같은 의미의 의식을 행한다. 다양한 형태의 기도가 있는데 대표적인 것이 틴쫄과 쌍솔이다. 틴쫄은 호법신에게 도움을 청하는 기도다. 쌍솔도 비슷한 의미인데 공양의 의미가 더 선명하다. 수호신을 초청하여 곡식, 곡식가루를 나뭇잎에 섞어서 태우는 형식으로 공양을 올리는 기도가 쌍솔이다. '쌍'은 공양물, '솔'은 청하다는 뜻이므로, 신에게 공양물을 올리고 도움을 청하는 기도인 것이다. 이러한 기도의 연장선상에서 행해지는 공양 의식이 한국 산악계에서 말하는 라마제다.

티베트에 불교가 전래된 때는 7세기 초반이다. 당시 티베트에는 '본교'라는 토착 종교가 있었다. 본교는 불교와 달리 자연신을 숭배하고 신들에게 산 동물을 제물로 바치는 의례를 행했다. 이것이 불교에 들어와 자연신들은 불교의 수호신으로, 희생양은 보릿가루에 버터를 버무려 동물 모양으로 만든 음식 공양물로 대체됐다. 셰르파의 공양 의식은—그 명칭을 무엇이라 하든—토착 종교의 전통과 습합한 티베트불교 전통에, 쿰부 지역이 속한 네팔의 주류 종교인 힌두교의 영향이 스며든 형태로 히말라야에서 행해지는 제의라고 할 수 있다.

히말라야에서 등반 전 행해지는 기도 의식의 형식이나 의미를 보면 한국의 '산신제'와 거의 같다. 번역어로서도 산신제가 합당해 보인다. 따라서 앞으로 이 산행기에서는, 오리엔탈리즘과 한국 산악인들의 느슨한 언어 감각이 결합한 라마제라는 말 대신 산신제라는 표현을 쓰기로 한다.

에베레스트에서 셰르파 제의의 진짜 중요한 점은 명칭이나 의식의 형태보다는 그것이 셰르파의 위상 변화를 보여 주는 데 있다. 무슨 말인고 하니, 제의가 오늘날과 같은 형태로 정착한 과정을 살펴보면 에베레스트 등반에서 셰르파의 역할과 위상이 어떻게 변했는지를 알 수 있다는 얘기다. 이 과정을 살피기 위해서는 '사히브'라는 존재에 대해서 알아야 한다.

사히브와 셰르파

서구의 등반가들이 에베레스트에 처음 등장한 때는 20세기 초반이다. 그 무렵 서구 등반가의 대부분은 부유한 중상류층 출신이었다. 이에 비해 셰르파는 쿨리Coolie, 막노동꾼와 다를 바 없는 포터에 불과했다. 이들은 서구 등반가들을 '사히브'라 호칭했다. 사히브Sahib는 힌두어로 '보스'나 '주인', '나리'를 뜻한다. 사히브와 셰르파의 관계는 심하게 기울어져 있었다.

20세기 초 에베레스트 셰르파들은 오늘날보다 자신들의 전통과 종교적 계율에 투철했다. 시간이 지나면서 고소에서의 탁월한 능력을 인정받아 현지 포터와는 다른 고소 포터로서 고유의 입지를 굳혔지만, 등반 과정에서 자신들의 종교 의례를 공식화할 정도는 아니었다. 에베레스트 초기 등반 기록을 살피면, 아주 조심스럽긴 하지만 진심으로 자신의 종교적 신념을 표현하는 셰르파들의 모습을 볼 수 있다. 셰르파들은 라마가 축복한 쌀을 갖고 다녔고, 크레바스나 세락이 나타나면 만트라를 읊으며 쌀을 뿌렸다. 자신들의 텐트 안에서는 신들에게 제물을 바치는 의식을 올렸다. 물론 셰르파들만의 사적 의례였다.

다들 알 듯이 1953년 셰르파 텐징 노르가이가 에드먼드 힐러리와 함께 최초로 에베레스트를 등정하면서 세르파의 위상은 달라졌다. 이와 함께 그들의 종교 의식도 차츰 공개적으로 변하고 규모가 커지며 사히브들에게 동참을 요청하기에 이르렀다. 1975년 에베레스트 북서벽을 초등한 영국 원정대를 이끌던 크리스 보닝턴은, 베이스캠프에서 행해진 세르파들의 대규모 종교 의식을 받아들이고 참여했다.

세르파 종교 의식의 공식화는 세르파들이 사히브 길들이기에 성공한 것으로 이해할 수도 있다. 사히브들은 매번 발생하는 사망 사고 앞에서 세르파들의 종교적·도덕적 요구를 거부하기 어렵기도 했을 것이다. 에베레스트에서 종교의식의 공식화는 사히브와 세르파 간의 역학관계가 20세기 초기와는 완전히 달라진 상황을 상징한다고 볼 수 있다. 1970년대 중반 이후 사히브라는 말은 에베레스트에서 퇴출됐다.

오늘날 에베레스트 베이스캠프 제의는 불문율처럼 굳어졌다. 미국 상업 등반 회사들도 독자적으로 제단을 마련한다. 이제는 종교 제의라기보다는 하나의 퍼포먼스로 정착되었다. 등반대원과 세르파의 관계 또한 변했다. 듣기 좋게 말하면 등반 파트너이고, 곧이곧대로 말하면 고객과 프리랜서 직업 등반가의 관계가 됐다. 인정하든 아니든 현실이 그렇다.

2019년, 7개월—정확히는 6개월 6일—만에 히말라야 14좌를 완등한 젊은 네팔 산악인 니르말 님스 푸르자[Nirmal Nims Purja, 1983~]의 다음 발언도 주목을 요한다.

"수많은 서구 등반가들은 세르파의 도움으로 산을 올랐어요. 하지만 내 세르파가 도와줬다는 말뿐입니다. 그건 잘못된 일입니다. 세르파도 이름이 있으니까요. 밍마 데이비드가 도와줬다거나, 게스만 타밍이 도와줬다고 말해야 합니다. 이름을 말해 주지 않으면 셰르파는 유령일 뿐입니다."

니르말 님스 푸르자가 자신의 등반팀 '프로젝트 파서블Project Possible'을 이끌고 히말라야 14좌를 등정하는 과정을 담은 다큐멘터리 영화 〈14좌: 불가능은 없다14 Peaks: Nothing is Impossible〉에서 한 말이다.

단편적이긴 하지만 히말라야 등반사에서 셰르파의 위상 변화에 대한 이 정도의 이해가 바탕에 깔려야만 오늘날 이루어지는 에베레스트 등반 문화의 현실을 제대로 볼 수 있다.

셰르파들은 독실한 불교 신자다

등반을 함께하면서 나를 도울 전담 셰르파가 정해졌다. 타케39세다. 어떤 사람일까? 위급 상황에 맞닥뜨렸을 때 생사를 나눌 정도로 친밀한 사이가 돼야 하는데 어찌 궁금하지 않을 수 있겠는가. 셰르파들이 하는 일이 많아서 오늘 늦게나 내일 만날 수 있을 것 같다.

셰르파의 리더를 사다라고 하는데, 우리 팀의 사다는 타케의 삼촌이다. 사다에게 타케가 어떤 사람인지 물었다. 기다렸다는 듯 칭찬 일색의 답변이 나온다. 대를 이은 셰르파란다. 어머니와 아내, 외동딸, 이렇게 네 식구가 카트만두에 살고 있다고 한다. 셰르파였던 부친은 타케가 어릴 때 등반 중 사고로 설산에 묻혔다. 타케 동생도 셰르파인데, 지금 한국의 실버 원정대와 등반 중이라고 한다. 형제는 셰르파 중 '넘버 원No. 1'이라고 엄지를 치켜세운다.

베이스캠프에 있던 셰르파들 태반이 아침식사 후 보이지 않는다. 궁금해서 사다에게 물어보니 지금 아래쪽 곰파에 있을 거라고 한다. 곰파는 티베트불교

베이스캠프 아래에 있는 석굴 암자에서 참배한 후 에베레스트 정상을 배경으로 촬영한 첫 기념 사진.
(왼쪽부터 셰르파 타케, 지은이, 석굴 암자의 라마.)

사원을 말한다. BC에서 한 시간쯤 걸어서 내려가면 오래된 곰파가 있다. 라마가 안거했다는 석굴 암자다. 소원을 빌면 들어 준다고 널리 알려진 곳이다. 곰파 아래쪽 길가에는 봄에서 여름 시즌에 관광객과 등반객, 예불을 위해 오는 불교 신자를 상대하는 노점과 천막 상점이 줄지어 있다.

나의 등반 파트너 '타케'

타케는 체구가 작은 편인 나보다 조금 크다. 말수가 적고 눈빛은 표범을 닮았다. 악수를 나눈다. 첫 인사인데, 그것으론 부족하다. 가슴으로 안고 오른뺨, 왼뺨을 맞댄다. 서양식 인사에 나보다 익숙한 듯하다. 나는 우리 사이가 전담 세르파와 고객이 아니라 등반 파트너 관계라는 점을 확실히 해두고 싶었다.

타케와 함께 고승이 안거했다는 석굴 곰파를 찾았다. 한 사람이 겨우 통과할 수 있는 통로를 지나 돌문을 열고 나무 사다리로 내려가는 타케의 뒤를 따른다. 외부와 완전히 차단된 곳이다. 어디선가 한 가닥 빛이 들어와 컴컴한 내부를 어렴풋이 밝힌다. 눈이 어둠에 적응하자 실내 모습이 눈에 들어온다. 촛불과 최근에 설치된 듯한 전구가 불상 앞에 켜져 있다. 불빛은 눈을 자극하지 않을 정도로 은은하다. 내부의 넓이는 겨우 앉고 누울 수 있을 정도로 좁다. 빛은 남쪽 구멍에서 들어오는데 밖을 볼 수 있도록 작은 창문처럼 뚫려 있다. 에베레스트 정상이 곧바로 보인다.

고승은 정상을 마주 보면서 무엇을 생각했을까. 무엇을 깨달았을까. 타케가 불상을 가리키며 소원을 빌라는 뜻으로 눈짓을 한다. 소원을 빌면 들어 준다는데, 주저할 이유가 없다. 무엇을 빌까? 많으면 부처님도 힘들 것 같아서 한 가지

석굴 암자에서 마차를 타고 베이스캠프로 돌아가는 길.
구름 사이로 얼굴을 내민 에베레스트가 친근하게 느껴진다.

만 빌기로 한다. '꼭 등정하기를 빕니다.' 나는 합장하고 소원을 빌고, 타케는 절을 한다.

2주쯤 지나자 나와 타케는 10년 지기처럼 가까워졌다. 눈빛만 보고도 무엇을 해야 할지 안다. 누가 먼저랄 것도 없이 서로 원하는 바를 행동으로 옮긴다. 어제는 고도 7,010m인 노스콜까지 갔다가 BC에 돌아왔다.

오늘 타케와 다시 곰파를 찾았다. 소원을 빌면 정말 이뤄질까? 어떤 의심도 하지 않는다. 소원을 또 빈다. '등정을 빕니다.' 타케의 손을 꼭 잡고 내 마음을 전한다. '정상에 꼭 오르자.' 손에 한 번 더 힘을 준다. 타케 또한 내 뜻을 받아들인다는 뜻으로 내 손을 힘주어 잡았다 푼다. 타케는 식구 수대로 촛불 4개, 나는 5개를 밝힌다. 지난 방문 때와 달리 이번은 조랑말이 끄는 마차를 타고 BC로 돌아간다.

상업 등반대에 쏟아지는 비난은 정당한가?
한적했던 BC가 북적거리기 시작한다. 각국 원정대와 상업 등반대가 속속 입촌한다. 네팔 쪽의 비좁은 남릉 BC에 비해 이곳 북릉의 BC는 상당히 넓다. 산책삼아 걸어도 끝에서 끝을 오가는 데 30분 이상 걸린다.

일본, 미국, 영국, 중국, 파키스탄, 스페인 등 각국의 몇몇 대원들과는 오다가다 눈인사를 나누고 이런저런 수다를 떨면서 제법 친해졌다. 이제는 만나면 '하이!' 하고 인사할 정도의 사이가 됐다. 그들은 나를 코리안이나 아시안-아메리칸으로 보지 않는다. 그냥 올드 가이로 인식한다.

큼직하고 멋진 텐트 10여 동이 새로 눈에 띈다. 파마한 곱슬머리의 백인 젊은이가 10인용쯤 크기의 커다란 원형 텐트 앞에서 랩탑^{노트북 컴퓨터}에 열중하고 있다. '하이!' 하고 인사를 나눈다. 마칼루, 눕체, K2를 등정했다는 요한슨^{가명, 노르웨이}이다. 그는 큰 텐트를 혼자 쓴다. 두툼한 매트리스를 올린 침대에 책상과 의자, 위스키, 거울, 빨래통 등이 놓여 있다. 있으면 좋고 없어도 될 물건들도 보인다.

요한슨은 상업 원정대에 참가한 등반이 처음이라고 한다. 도우미들이 모든 일을 해줘 편하단다. 단 노스콜부터 정상까지는 도우미의 직접적 도움이 없다고 한다. 원정 비용을 물어봤다. 미화 8만 5천 달러라고 당당히 밝힌다. 꽤 고가다. 비싼 만큼 특급 대우겠지, 하고 생각한다. 보통 A급 상업대의 경우 1인당 5만 달러쯤이라는 얘기를 들었다.

등정한 다음 하산 중 노스콜 아래에서 요한슨을 다시 만났다. 함께 사진 찍고 쉬면서 노스콜부터 정상까지의 등반 과정이 어떠했냐고 물었다. 세르파들이 텐트를 설치해 놨고, 산소통과 식량을 준비해 뒀다고 한다. 산소를 충분히 마셨는데도 2개가 남았고, 전담 세르파가 두 명인데 한 명과 동행했다 한다. 일반 원정대보다 물자가 풍부했고, 도우미의 도움을 충분히 받았다. 그런 지원을 빼면 여느 원정대와 큰 차이점은 없다. 노스콜 아래쪽인 BC, IBC, ABC 세 곳에서만 편했을 뿐이다. 이 정도의 편리는 고액에 걸맞은 대우라고 생각된다. 그런데 왜 상업 등반대는 눈총을 받고 비판의 대상이 돼야 하는가.

상업 등반대에 대한 비판을 집약하면 등반 미숙이다. 그 때문에 에베레스트에서 병목 현상과 사고 빈발 사태가 야기된다는 것이다. 과연 그럴까? 상업대의 한 리더는 오히려 직업 산악인을 비판한다. 물론 모두가 아니라 일부라고 전제하면서 반론한다. 그 논지는 이렇다.

에베레스트 북동릉 난구간 중 하나로 꼽히는 노스콜(7,020m) 일대.
460m 정도의 설벽으로 압도적인 설경을 보여 준다.

과도한 등정욕, 과시욕, 명예욕, 자만심, 우월감, 선민 의식, 그리고 상업 원정대에 대한 질투가 더 문제이며, 상업대에 대한 비판은 비판을 위한 비판이라는 것이다. 그리고 상업대의 리더 또한 직업 산악인인만큼 전문가이므로 그들의 케어를 받는 대원들의 등반 미숙 문제는 이미 해결된 것이라는 논리다. 그는 어떤 산이든 특정인의 독점 무대가 아니며 산행의 대중화는 바람직한 현상이라고 강변한다.

사실 상업성의 측면에서는 직업 산악인들이 상업 등반대를 비난하기는 어렵다. 에베레스트 등정이라는 메달을 따고 유명 인사가 되면 책을 쓰고, 고액의 강연료를 받는 강사, 유명 스포츠 브랜드의 모델이 되어 많은 돈을 번다. 물론 직업 산악인 모두가 그렇게 되지는 않는다. 그건 어떤 분야에서도 마찬가지다. 올림픽 금메달리스트는 한 명이지만 그것을 위해 뛰어든 사람들은 수없이 많다. 사실은 그 사람들이 메달리스트의 영광을 만들어 내는 것이다.

에베레스트를 하나의 거대한 시장으로 만들어 놓은 사람들도 직업 산악인들이다. 그러한 바탕 위에 장비의 발달과 등반 기술의 진보, 디테일한 등반 정보가 더해져서 상업 등반대라는 비즈니스 모델이 만들어진 것이다. 최고 수준의 세르파들도 직업인으로서 언제든 고객을 맞을 준비가 돼 있다. 상업 등반 회사는 모든 상업적 여건이 갖춰진 밥상에 자신들 방식으로 숟가락을 얹은 것이다.

물량 공세라는 문제도 정도 차이일 뿐이다. 원래 에베레스트 원정은 그렇게 시작됐다. 처음부터 영예를 쟁취하기 위한 경쟁이 치열했고, 국가의 후원을 받아 군사 작전식으로 정상을 공략했다. 1953년 영국 원정대는 대원 14명, 세르파 38명에 이들을 위한 장비와 식량이 8톤이었다. 1963년 미국 원정대는 대원

19명, 셰르파 32명, 29톤의 장비 운반에 909명의 포터를 고용했다. 대원 가운데 생리학자나 지리학자 같은 과학자도 포함되었으므로 '돈을 퍼부었다'고 비난조로 말할 건 아니다. 1977년 한국 원정대도 만만치 않았다. 대원 18명, 장비와 식량 24톤에 800명의 포터를 고용했다. 예산은 1억 3천만 원이었는데, 당시 국민소득은 1,034달러였다.

에베레스트 등반, 단일 리그가 아니다

에베레스트의 문을 두드린 지 100년, 정상을 오른 지 70년 가까운 세월이 흘렀다. 장비는 비약적으로 발전했고 기술 또한 진보했다. 에베레스트로 오르는 문은 활짝 열렸다. 이제 에베레스트 등반은 '단일 리그'가 아니다. 안전한(?) 시즌에 노멀 루트를 오르는 다수 그룹과, 등반 스타일, 시즌, 새로운 루트 등으로 등반 가치를 차별화하는 소수 그룹으로 나누어졌다. 이 둘을 섞어 버리면 생산적인 논쟁이 불가능하다. 앞을 A, 뒤를 B라고 하자. 이 두 그룹을 가르는 기준은 이미 오래전에 만들어졌다. 1970년대에 히말라야에 등장한 라인홀트 메스너는 대규모 인원을 동원한 극지법 등반 스타일에 회의를 품었고, 인공 산소 사용을 '산의 높이를 낮추는 행위'로 규정했다. 그는 1978년 세계 최초로 에베레스트를 무산소로 등정했다.

1978년 이후에도 극지법 등반 스타일은 사라지지 않았다. 스타급 산악인조차도 대부분 극지법 등반으로 에베레스트를 등정한 후 부와 명예를 쌓아 올렸다. 이들은 유명세를 활용하여 쉽게 자금을 조달하고 매스컴의 조명을 받으며 히말라야의 8,000m급 봉우리를 섭렵했다. 요즘 문제시되는 상업 등반대와 크게 다를 바 없는 방식이다. 오히려 원정대 전체의 지원을 받는다는 점에서 상업 등반대의 고객보다 유리했다. 이들과 상업 등반 회사의 다른 점은 수익 창출 방법이다.

에베레스트에 올랐다는 사실만으로 부와 명성이 따르는 시대는 지났다. 그래서 A, B그룹으로 분화가 이루어졌다. A, B그룹의 기준이 명확한 건 아니지만, 현실적으로는 엄연히 존재한다. A그룹 방식으로 등정한 사람이 B그룹의 기준으로 상업 원정대를 비판하는 것은 반칙이다. 현재 에베레스트 등반 문화에 문제가 많은 것은 사실이다. 하지만 그것이 상업 원정대만의 문제는 아니다. 상업 원정대의 문제는 원인이 아니라 결과의 한 측면이다. 이를 혼동하면 비방에 가까운 언쟁만 남는다.

사람들로 붐비는 에베레스트가 당면한 문제 가운데 심각한 두 가지는, 등반 쓰레기와 정상부에서의 지체에 따른 안전 위협이다. 모두의 책임이지만 상업 등반 회사는 더 무거운 책임을 지는 게 당연하다. 그들은 상품으로 팔기 때문이다. 안전 문제는 A, B그룹으로 나누어 생각해야 한다.

A그룹 특히 상업 원정대는 수익률보다 안전을 우위에 두어야 한다. 충분히 산소를 공급하더라도 정신적·체력적으로 문제가 있다면 과감하게 하산시키는 엄격한 기준을 세워야 한다. B그룹의 경우는 그리 단순하지 않다. 극한에 도전하는 이들에게는 엄격한 '등반 윤리'와 '생명 윤리'가 부딪치는 상황이 발생하기 때문이다 목숨을 걸고 모험을 추구하는 등반가의 행위를 생명 경시라고는 말할 수 없다. 그들은 생명을 가볍게 여겨서가 아니라 인간의 한계를 뛰어넘기 위해 도전한다. 모험 행위에서 위험 요소를 완벽히 통제한다면 그것은 모험이

아니다. 그들 개인의 책임에 맡길 수밖에 없다.

현재 벌어지는 에베레스트 등반 문화의 문제는 일시적 혼란이라고 생각한다. 과거에는 수단과 방법을 가리지 않고 오르기만 하면 됐기 때문에 별일 아니었던 것들이, 누구나 도전할 수 있게 된 지금에는 문제가 되는 것이다. 곧 새로운 규범이 세워질 것이다.

로프 사용료 200달러

가장 큰 규모의 중국 팀은 어떤 분위기일까. 김지우 대원과 함께 불쑥 찾았다. 베이징올림픽을 앞두고 모두 정상에서의 성화 점화 준비에 여념이 없다. 티베트 BC에 있는 모든 원정대의 등정 출발은 그 행사가 끝난 뒤 허용된다. 대부분 티베트인으로 구성된 중국 팀 셰르파들은 현재 정상까지 고정 로프를 설치 중인데, 각 원정대로부터 1인당 200달러의 사용료를 선불로 받았다. 나도 우리 원정대를 통해 지불했다.

BC에서 가장 위쪽에 일본 팀이 자리 잡고 있다. 마침 리더인 노구찌가 휴식 중이다. 그에게 우리 팀 방문을 제안하자 쾌히 응낙했다. 그는 일본 기업들의 후원을 받아 에베레스트를 청소하러 왔다. 다음 날 우리 팀을 방문한 일본 팀 일행은 우리와 선물을 교환했다. 우리 대원 중 현업 가수인 신현대가 일본 팀을 환영하는 뜻으로 〈인수봉〉을 열창했다.

셰르파와 여성 대원의 염문

BC에 봄기운이 완연하다. 얼었던 땅바닥이 녹아 곳곳에 물구덩이가 만들어지고 빙하에서 녹은 물이 BC 한켠으로 흐른다. 동네 우물가에 사람이 모이듯 주방 텐트도 그렇다. 따듯한 데다 요리 중인 음식을 맛볼 수 있어 대원, 셰르파 할 것 없이 수시로 들락거린다. 요리를 하던 한 친구가 무언가 얘기를 하자 셰르파들이 히죽히죽 웃는다. 무슨 일이냐고 물었더니, 이웃 N팀의 여성 대원과 셰르파의 성관계 장면을 목격했다는 것이다. 사실이라 하더라도 흉볼 일은 아니다. 그들은 성인이고 극히 개인적인 일이다. 제삼자가 왈가왈부할 일이 아니다. 관심이 간다면 그들은 건강한 에너지다. 아마도 청춘들인 모양이다.

여성 대원과 셰르파 간의 애정 문제는 요즘 벌어지는 일만이 아니다. 1970년대부터 여성들이 히말라야에 진입하면서 여성 대원과 셰르파가 성관계를 맺는 일은 드물지 않았고, 주도하는 쪽은 여성이었다. 당시는 서구에서 히피즘이 성행할 때였고, 성해방 담론이 세계적으로 유행이었다. 당시 네팔에서는 마리화나가 합법이었고 에베레스트는 히피들의 해방구 중 한 곳이었다.

별 하나에 아내 얼굴 둘

텐트 안이 무료해서 밖으로 나왔다. 흰 산기슭이 어스레하게 보일 정도로 캄캄하다. 헤드랜턴을 켜 놓고 있는 텐트들이 환하게 보인다. 별똥별이 긴 빛 꼬리를 달고 떨어진다. 어릴 때부터 소원을 빌던 습관이 발동한다. 오늘은 맘껏 소원을 빌어도 좋을 것 같다. 미처 소원을 빌기도 전에 또 다른 별똥별이 꼬리를 문다. 긴 꼬리, 작은 꼬리. 여기저기서 별똥별이 떨어진다. 소원 빌기를 멈추고 떨어지는 별똥별마다 아내의 얼굴을 떠올린다. 밤하늘 가득 아내의 얼굴을 그린다.

텐트로 돌아와 아내에게 편지를 쓴다.

여보, 생각나?

캘리포니아 데스밸리$^{-82m}$에서 보낸 별밤 말이야.

유네스코가 지구상에서 별을 많이 볼 수 있는 지역 중 한 곳이라고 해서 갔지.

"와, 저 별 봐. 정말 많네."

당신은 소녀처럼 놀라면서 무척 좋아했는데, 기억나?

하도 별이 많고 별마다 빛이 달라 까만 하늘이 보석 상자 같았지.

별똥별이 많이 떨어져, 소원을 비는 밤이기도 했어.

내기라도 하듯 우린 아이들을 위해 소원을 빌었지.

그때 내가 당신보다 더 빌었어. 왜 그런지 알아?

별똥별이 떨어질 때 당신은 눈을 감았지만 나는 눈을 뜨고 있었거든.

그래서 내가 별똥별을 더 봤던 거야. 하하하.

잘 지내? 지금 여기 밤하늘은 별이 많은 정도가 아니야.

뭉쳐 있는 별무더기가 제 무게를 이기지 못해 쏟아질 것 같아.

그래도 재미삼아 별을 하나 둘 세어 보는데,

별 하나에 당신 얼굴이 둘로 보이네.

잘 자.

에베레스트 베이스캠프에서

"땡큐! 땡큐!"

많은 인원의 어느 상업대가 눈길을 끈다. 콜롬비아 15명, 오스트리아 15명, 기타 7명 등 총 37명과 세르파까지 무려 100여 명의 매머드급 원정대다.

우리 옆 자리에 방금 도착한 인도 팀이 텐트를 친다. 이들 멤버들도 적지 않다. 한 텐트에 사람들이 웅성거린다. 팀 닥터가 내 또래 대원에게 수액을 주사하고 있다. 닥터에게 우리 팀원에게 응급 상황이 발생할 경우 도와줄 수 있겠냐고 물었다. "오케이, 노 프라블럼^{Okay, No Problem}." 쾌히 응낙한다.

등정 후 하산 중 ABC 근처에서 우연히 그 닥터를 만났을 때 그가 말했다. "너의 팀 한 명이 위급했다. 내장이 터져서 30분 내에 사망할 수 있었는데, 내가 응급조치를 했다." 나는 "땡큐! 땡큐!"를 거듭했다. BC에 도착하여 그 대원부터 찾았지만 보이지 않아서 안도했다. 국경 넘어 네팔 카트만두의 병원으로 긴급 후송된 다음이었다. 좋은 이웃을 만난 덕분이다.

에베레스트는 만원이다

BC에서 정상까지는 산골 마을의 좁은 외길과 같다. 등반객이 한꺼번에 몰리면 북적거릴 수밖에 없다. 하지만 실제로는 네팔과 티베트 양쪽을 합해 수백 명에 불과하다. 이곳에서는 한 번 만난 등반 친구들을 다시 만나게 된다. 여러 번 오르내리기 때문이다. 그러다 보니 모든 원정대가 이웃 같다. 서로 방문해서 음식을 나눠 먹기도 하고 즐거운 시간을 보내기도 한다.

에베레스트 등반 시즌만 되면, 정상이 만원이고 능선에 체증이 심하다는 뉴스가 매스컴의 호재가 된다. 사실이다. 등정하는 날 정상 언저리는 등반객으로 만원이다. 에베레스트 정상으로 인도하는 최고의 조력자는 '좋은 날씨'다. 모든 원정대가 날씨 좋은 날을 등정일로 택할 수밖에 없다. 절대 룰이다. 어기는 것은 자살 행위다.

에베레스트의 5월 중 좋은 날은 며칠에 불과하다. 어느 해는 하루뿐이다. 그때를 기다렸다가 세계 각국에서 찾아온 산악인들이 일제히 등정을 시도한다. 당연히 붐빌 수밖에 없다. 붐비지 않으면 그것이 더 이상하다. 왜? 세계 최고봉이니까. 당연한 일을 매번 문제시하며 보도하는 것은, 어차피 죽을 텐데 왜 사냐고 하는 것과 비슷하다. 하기야 그렇게 말하는 것이 매스컴의 일이다. 마찬가지로 그런 위험 부담을 안는 것은 에베레스트를 오르는 사람들의 일이다. 다들 제 할 일을 하는 거다.

1차 등반: BC~C1(IBC) 왕복

마침내 첫 등반에 나선다. 산소량이 52%인 이곳 BC^{5,200m}에서 48%인 IBC^{5,800m}까지 600m를 올라갔다 내려오는 하루 일정이다. 산소량 4%의 차이를 극복하기 위한 고도 적응 등반이다. 혼자서다. 길을 잃을 염려는 없다. 내 걸음이 느린 점을 감안해서 남들보다 일찍 출발한다. 다른 대원들은 IBC에서 내려오는데 나는 아직도 올라간다. 4시간을 걸었는데 2시간 정도 더 가야 도착할 것 같다. 그때쯤 동료들은 BC에 도착해 쉬고 있을 것이다. 동료들의 왕복 시간은 약 5시간쯤인데, 나는 10시간을 예상한다. 차이가 너무 난다. 어쩔 수 없다. 나는 에베레스트를 그들처럼 오르내리기에는 나이가 들었고 기력도 달린다.

IBC는 적막하다. 아무도 없다. 이 큰 산에 나 혼자다. 쓸쓸하다거나 외롭다는 느낌은 없다. 탈 없이 도착해 기쁘다. IBC는 리신산Lixin과 창체산Changzheng 사이의 계곡인 롱북빙하East Rongbuk Glacier 남쪽 둔덕에 자리 잡고 있어 주변이 잘 보인다. 누군가 있지 않을까 싶어 사방을 둘러보지만 계곡을 덮은 빙탑들만 보인다.

IBC 한쪽에 돌과 흙으로 지어진 허름한 건물 한 채가 보인다. 사방이 3m 크기의 공간인데 아궁이가 유일한 시설이다. 어느 팀이 먹다 남긴 듯한 음식이 있고, 아궁이에 불씨가 살아 있다. 불을 쬔다. 몸에 훈기가 돌아서 그런지 두통과 졸음이 함께 온다. 더 지체할 수는 없다.

희끗희끗 날리는 눈발이 걸음을 재촉한다. 해가 빙하 건너 서쪽 능선을 넘는다. BC 입구에 이른다. 30분쯤 더 내려가면 BC다. 헤드랜턴 빛 두 줄기가 아래쪽에서 움직인다. 우리 대원 2명이 나를 기다리고 있다. 차를 따라 준다. "고마워." 단 한 마디지만, 온 힘을 다한 말이다. 따뜻한 차가 한기를 풀어 주지만 지친 몸까지 안아 주지는 못한다.

텐트로 가서 침낭 위에 쓰러지듯 눕는다. 밥이고 뭐고 귀찮다. 동료가 뜨거운 물을 갖고 와 족욕을 시켜 준다. 무척 고맙다. 상업 등반대라면 상상도 하기 어려운 일이다. 쿡이 계란과 감자를 갖고 왔지만 조금도 입맛이 돌지 않는다. 입에 쑤셔 넣어 억지로 목구멍으로 넘긴다.

티베트인의 영혼은 설풍을 타고 하늘로 오른다

어젯밤은 푹 잤다. 오늘은 바람이 거세다. 정상은 설풍이 요동친다. 눈을 안은 바람결은 굉장히 빠른 속도로 누워서 흐른다. 성난 강물 같다. 정상의 설풍을 처음 봤을 때 빠르게 흐르는 구름인 줄 알았다. 자세히 보면 구름이 아니라 눈과 얼음 조각으로 하얗게 채색된 바람이라는 걸 알게 된다. "영혼은 설풍을 타고 승천한다." 히말라야의 세찬 바람과 함께 사는 사람들은 이렇게 믿는다. 죽은 사람의 영혼은 설풍을 타고 하늘로 오른다는 것이다. 지난 연말 연초 히말라야 동계 등반 때였다. 네팔 아마다블람 BC에서 아마다블람 정상의 설풍을 봤다. 사다^{셰르파 리더}였던 틸렌이 "망자가 승천한다. 누군가 죽었다."고 혼잣말하는 걸 들었다. 다음 날 아침 아랫마을 촌장의 사망 소식이 들려왔다.

이번 등반을 위해 베이스캠프로 오던 중 초오유와 초모룽마로 갈라지는 삼거리 마을인 딩그리에서 고소 적응차 하이킹을 할 때였다. 시야가 탁 트인 넓은 바위에 흩어진 죽은 사람의 뼛조각이 있었다. 조장^{鳥葬}의 흔적이다. 조장은 천장^{天葬}이라고도 불리는 티베트의 장례 의식이다. 망자의 시신을 해체하여 새들의 먹이가 되게 하는 장례법이다. 배고픈 새들에게 마지막 육신을 베풀어 공덕을 쌓는 것이다. 본디 불교의 장례법은 화장이다. 하지만 고산 지대인 티베트에서는 땔감이 귀하다. 새의 먹이가 되게 함으로써 육신을 자연에 돌려보내는 것이다. 소박하게, 군더더기 없이 살다 간 사람만이 보일 수 있는 뒷모습이다. 나는 지금 그런 사람들이 섬겼던 산, 에베레스트에 있다.

2차 등반: BC-C1(IBC)-C2(ABC)-C3 왕복

어제 혼자 IBC에 도착했다. 1차 등반 때 걸린 6시간에서 2시간을 단축해 4시간 걸렸다. 그때보다 덜 피곤했고 두통도 덜했다. 어느 정도 고소 적응이 된 것 같아서 마음이 가볍다. 오늘은 산소량이 45%인 ABC까지 간다. IBC보다 3% 떨어진다. 그곳에서 이틀간 머물 계획이다. 만약 고소 적응이 순조롭다면 설벽인

152

노스콜^{460m} 위의 C3$^{7,100m, 산소량 41\%}$까지 오르고 BC로 돌아올 예정이다.

오늘은 롱북빙하의 동쪽 지류와 오른쪽 창체산^{7,580m}의 언저리 줄기를 타고 ABC까지 간다. 역시 나 혼자다. 어제와 똑같이 고도 600m를 오르지만 산세와 고도를 감안할 때 더 힘든 길이 될 것 같다.

예상대로 고도 상승에 기온까지 떨어져 어제와 달리 애를 먹는다. 가도 가도, 오르고 올라도 제자리걸음만 하는 것 같다. 말동무가 없어 더 지루하게 느껴진다. 한낮이 되자 햇살이 뜨겁다. 아래서는 눈밭이 열기를 내뿜는다. 빙탑도 열기를 이겨내지 못한다. 흘러내린 물줄기로 주변이 흥건하다.

이곳 빙하도 아래쪽과 다를 바 없다. 빙탑 주변의 질편한 곳을 요리조리 피하고 살얼음 물가를 조심스럽게 지난다. 실족이라도 할까 봐 신경이 곤두선다. 정오가 지나면서 조금씩 한기를 느낀다. 저 높이 아득하게 보이는 능선 아래쪽 반짝이는 설사면을 올라 오른쪽으로 조금 더 가면 ABC다. 어림잡아 2시간은 걸릴 것 같다. 녹았던 설사면이 다시 얼고 있다. 그러나 크램폰이 미끄러지기는 마찬가지다. 번번이 미끄러져 고꾸라진다. 넘어지는 내 모습에 내가 웃는다. 누가 이런 나를 보고 웃어 준다면 덜 힘들고 심심하지도 않을 텐데.

힘겹게 롱북빙하에서 빠져나와 창체산의 줄기 능선에 올라섰다. 얼음과 흙이 뒤섞인 딱딱한 땅바닥 감촉이 편하게 느껴진다. ABC가 가깝다. 알록달록한 타르초가 창공을 난다. 야크 떼가 내려온다. 높은 곳에서 생명의 온기를 느낄 수 있는 것만으로도 반갑다. 플라스틱 짐 통은 비었고 등에 실린 보따리도 없다. 워낭소리는 명랑하고 발소리는 가볍다.

ABC에 도착하자 "하이, 사부!" 하면서 타케가 불쑥 나타나 반긴다. 미리 준비해 둔 듯 따뜻한 차를 따라 준다. 타케의 따뜻한 마음이 전해져 온다. 타케는 나를 사부라고 부른다. 사부에 대해서는 앞에서 말했다. 본래는 힌두어 사히브 Sahib로 셰르파들은 통상 1음절에 가깝게 '삽Sahb'이라고 발음하는데, 우리 말 '사부'와 비슷하게 들린다. 이들도 우리 말 사부를 알고 있는 듯하다.

말은 살아 있는 생명체와 같다. 시대에 따라 새로운 의미의 옷을 입는다. 셰르파들은 과거와 같은 의미로 사부란 말을 사용하지는 않는다. 셰르파가 직업으로 정착하면서, 자부심과 자신감을 확보했기 때문에 상황과 상대에 따라 선택적으로 사용하는 것이다. 한국인들이 나이 든 남자를 예우하여 '선생님'이라 호칭하는 것과 같다고 보면 된다. 맨 처음 킬리만자로 산행기에서 말한, 아프리카인들의 '브와나'라는 호칭과 같은 의미다.

BC의 텐트보다 큰 텐트가 내게 배당됐다. 고소증에 피곤이 겹치자 저절로 눈이 감긴다. 해발 6,400m 높이에서 숙식은 처음이다. 오늘밤 무탈하고, 내일도 오늘 같기를 소망한다

쌀을 뿌리며 축복을 기원한다

라마가 쌀 한 움큼을 손에 쥐고 한 번, 두 번, 세 번 차례로 허공에 뿌린다. 첫 번은 낮게 조금, 두 번째는 좀 더 높게 더 많이, 세 번째는 남은 쌀 모두를 아주 높게 던진다. 파란 하늘에 흩어지는 낱알들이 햇살 속에서 알알이 빛난다. 라마는 무엇을 빌었을까? 스님처럼 나도 쌀을 세 번 하늘에 뿌린다. '무사 등정을 바랍니다.'

산신제를 마친 후 셰르파들은 C3로 올라가 텐트를 설치하고 내일 내려온다.

C3의 모습은 사진으로만 봤다. 바람이 쌓고 깎은 거대한 코니스^{얼음 처마} 위에 바람이 불면 날아갈 듯 아슬아슬해 보였다. 그곳으로 내일 간다. 일부 대원들은 오늘 C3에 올라가 고소 적응을 하고 돌아온다.

주방을 겸한 식당 텐트에서 노스콜에 올라갔다 내려온 대원들이 들려주는 이야기를 듣는다. 이곳 캠프에서 오른쪽 절벽을 끼고 한동안 올라가면 둔덕에서부터 빙원이 펼쳐진다. 그 곳부터 각별한 주의가 요청되는데, 요약하면 이렇다.

1. 눈에 반사되는 햇빛이 매우 강렬하므로 설맹에 걸리고 싶지 않다면 절대 고글을 벗지 말 것.

2. 눈에 덮여 있는 청빙이 강철같이 단단하여 미끄러질 수 있으므로 크램폰을 강하게 밟을 것.

3. 30분가량 빙원을 통과하면 꽁꽁 얼어 흙 한 줌 돌 하나 보이지 않는 빙벽 ^{460m}의 노스콜이 앞을 막고 있다. 고정 로프가 설치돼 있지만 상행 하행 모두 조심할 것.

4. 코니스까지의 빙벽 등반은 3~5시간이 걸린다. 고소증 유발 가능성이 높으므로 자주 쉴 것.

과연 어떨지 내일이 기다려진다.

신기록

산신제를 지내는 날 눈이 내리면 행운이 온다고 한다. 어제 의식을 주재한 라마

코니스(눈 처마) 위에 아슬아슬하게 자리잡은 캠프3.
용변을 볼 때도 로프 확보를 해야 한다. 아래쪽 캠프와는 비교할 수 없을 정도로 춥다.

가 말했다. 그 말이 맞았으면 좋겠다. 밤사이 눈이 와서 텐트를 하얗게 덮었다. 텐트촌을 지나 너덜지대가 끝나는 곳에서 빙원으로 오른다. 선글라스에 고글까지 겹쳐 썼는데도 햇살이 강렬해 눈을 가늘게 뜨게 된다. 햇빛을 반사하는 순백의 노스콜이 아물아물하다. 신비에 감싸인 하늘나라의 성곽 같다. 내가 지금까지 본 설경 중 압권이다.

한 걸음 한 걸음 집중했는데도 벌써 두 번 미끄러졌다. 살짝 눈에 덮인 청빙의 서슬이 퍼렇다. 노스콜의 전경을 촬영하려는데 거리가 너무 멀다. 빙벽 밑에 와서야 렌즈에 담는다.

"와! 까맣게 붙었어." 우리 대원이 노스콜을 보고 놀란다. 설벽에 붙은 등반자들이 많다는 뜻이다. 언뜻 보기엔 줄지어 올라가는 개미 떼 같다. 과연 몇 명이나 될까? 다음에 올 때도 이렇다면 꼭 확인할 것이다.

로프에 주마^{등강기}를 걸치고 크램폰 끝으로 힘껏 빙벽을 찍는다. '딱!' 하는 얼음 찍는 소리가 아니라 '쳉!' 하는 금속음이 들린다. 멀리서 봤을 땐 그냥 얼음이겠지 했는데 단단하기가 상상을 초월한다. 주마를 잡은 손아귀에 힘이 들어가지 않는다. 로프에 매달린 등반자들은 줄줄이 멈춰 쉬고 있다. 올라가는 동작은 열 명 중 한 명이나 될까. 도무지 오를 힘이 없지만 마냥 쉴 수는 없다. 반환점을 돌듯 C3까지 갔다 와야 한다.

C3의 해발 고도는 7,100m. 그곳에 가면 내 등반 이력에 신기록을 세우게 된다. 현재까지는 남미 최고봉 아콩카과^{6,962m}가 최고 기록이다. 이곳이 138m 더 높다. 쥐어짜듯 힘을 낸다. 마음을 편하게 하고, 몸을 천천히 움직여야 한다고 최면을 걸듯 나 자신을 다독인다. 조급해지면 안 된다. 고개를 뒤로 돌려 아래

쪽을 내려다본다. 순백의 풍경화다. 능선과 평원이 모두 하얀색에 묻혔다. 점점이 꼬물거리는 사람들이 유일한 유채색이다. 왼쪽에 크게 입을 벌린 크레바스가 괴물 같다. 그 속에서 뭔가 툭 튀어 나와 와락 끌고 들어갈 것 같아 소름이 돋는다.

오버행이 섞인 짤막한 직벽에 매달린다. 꼼짝하기도 힘들다. 5분 쉬고 한 발 올려놓고 한 팔 뻗는다. 기껏해야 5m쯤 될까. 10분 넘게 걸려 마침내 C3 코니스 모서리에 도착한다. 몸뚱이가 천근만근이다. 체중 개념으로는 설명할 수 없는, 늪에 빠진 몸을 아래에서 무언가가 당기는 것 같다. 여기까지 오는 동안 몇 번을 쉬었을까? 백 번? 천 번? 어떤 과장도 지나치지 않다. 1분 오르고 10분 쉬었으니까. 온몸의 기를 모아 코니스로 올라선다.

C3다. 나의 신기록이 수립되는 순간이다. 그러나 이 순간을 봐 줄 사람이 아무도 없다. 자축으로 충분하다.

내려갈 체력이 남아 있을까 걱정했는데, 다행히도 별 문제가 없다. 조심이 지나치면 더 미끄러질 것 같아 크램폰에 힘을 줘 확실하게 빙벽을 찍어 밟는다. 플라토^{빙원}까지 무사히 내려왔다.

ABC 도착은 남들보다 한참 늦었다. 하지만 나도 해냈다. 도착은 늘 그랬듯이 꼴찌였지만 기분은 일등이다. 수시로 몸이 하는 소리를 들으며 건강 상태를 확인한다. 등정에 대한 두려움과 근심에서 벗어나야 한다. 자신감을 갖자. 꼴찌면 어때, 즐거운 꼴찌인데.

오전 9시 30분 ABC에서 출발, 오후 2시에 IBC를 지나 오후 6시에 BC로 돌아왔다. 아직 어두워지기 전이다. 내 수준으로는 빠른 편이다. 남들보다 두 세

시간 더 걸렸지만 기대 이상의 성과다. 무엇보다 몸은 편하게, 마음은 행복하게 내려왔다.

고산은 종합 건강 검진 센터

우리 팀 젊은 대원의 임플란트 치아에 문제가 생겼다. 이 원정대 저 원정대를 돌아다니며 치과의사를 찾았지만 없다. 또 내장에 이상이 생겨 복부 옆쪽이 불룩해진 젊은 대원도 며칠째 통증을 호소한다. 참는 것 말고는 방법이 없다. 두 대원 모두 원정 오기 전까지 건강에 이상이 없었다. 산소 부족으로 인한 합병증으로 보인다.

고소증과 관련, 고객들의 고산 등반과 건강 검진을 병행하면서 돈벌이 하는 트레킹 전문 여행사들이 요즘 부쩍 늘고 있다. 산소가 부족한 고산을 종합 검진소로 역이용하는 것이다. 고산에서 아픈 곳이 발견되면 귀국해 예방적 치료를 하고, 이상 징후가 없으면 계속 산행을 즐기게 한다. 공짜로 주어지는 자연을 이용해, 이래도 돈을 벌고 저래도 돈을 버는 것이다. 기발한 장삿속이다. 고객들도 만족해서 성행하지만 귀족 트레킹이라는 따가운 시선을 받기도 한다.

에베레스트에서는 비밀이 없다

인근 텐트에서 고성이 들려온다. 내용인즉 돈 문제다. 원정 경비가 부족하니 더 내라, 충분했는데 어디로 사라졌는지 밝혀라, 집행부와 대원 간 이견이 팽팽하다. 급기야는 몸싸움으로 번진다.

셰르파와 원정대 간에도 돈 문제로 곤란을 겪기도 한다. 어느 팀의 한 대원이 고민이 가득한 표정으로 한숨을 쉰다. 셰르파들이 등반을 보이콧하고 태반이 떠나 버려 어떻게 해야 할지 모르겠다는 것이다. 사연의 발단은 역시 돈이다. 원정대는 셰르파 비용을 계약한 대로 지불하지 않았다. 가뜩이나 불만에 가득한 셰르파들은 대원들이 몇몇 셰르파에게 개인적으로 은밀하게 팁을 건네는 것을 알고는 불공평을 문제 삼았다. 여기에 출신 지역이 다른 셰르파들 간의 감정 대립까지 겹쳤다. 그 원정팀은 제대로 등반도 해보기 전에 위기에 봉착했다. 산에 와서 등반 능력 문제가 아닌 이유로 산을 오르지 못한다면 얼마나 허망할까. 고산은 두 다리로만 오르는 게 아니다.

베이스캠프에 오래 머물다 보면 한가하고 심심할 때가 많다. 이 캠프 저 캠프를 오가며 오지랖을 넓히다 보면 갖가지 사연을 듣게 된다. 급박한 사연은 무선 전파를 타고 실시간으로 전해진다.

네팔 쪽 캠프에서 무선으로 들려와 알게 된 해프닝이다. 정상 쪽으로 올라갈수록 티베트 쪽과 네팔 쪽 거리가 가까워져서 워키토키로 교신하는 내용을 가끔 듣게 된다. X팀의 대원과 셰르파가 사이좋게 등반했는데, 힐러리 스텝Hillary Step을 앞두고 지치고 겁먹은 셰르파가 줄행랑치는 바람에 정상으로 갈 일이 난감하다는 이야기도 들었다. K국 개척 등반대의 한 대원이 추락사했다는 소식도 들려왔다.

석굴 암자는 나의 정신적 베이스캠프

BC 생활도 3주가 지났다. 봄기운이 난만하다. 까마귀들도 봄이 좋은 모양이다. 부쩍 많이 떼를 지어 날아다닌다. 얼음이 녹아 흐르는 물소리가 경쾌하다. 빨래를 해서 텐트 위에 널어 말린다. 과거 한국 여염집의 마당 풍경이 떠오른다.

셰르파들의 얼굴이 며칠 못 본 사이에 까맣게 익었다. C4에 텐트를 설치하고 돌아온 것이다. 선글라스를 썼던 흰 자리가 라쿤의 보름달 눈을 닮았다. 타케에게 암자에 가자니까 입이 귀에 걸린다. 아랫마을의 석굴 암자는 이제 나의 정신적 BC와 같다. 석굴 암자는 불교 신자들로 붐빈다. 예불을 하고 구면인 라마와 인사를 나눈다. 암자에서 나와 공연히 이곳저곳을 기웃거리다가 천막촌 상가로 간다. 다과점에서 차를 마시는데 우리 팀 셰르파들이 우르르 몰려 들어온다. 함께 어울려 차를 마신다. 나도 셰르파가 된 것 같다.

고소증의 백신, 고소 적응

베이징올림픽 성화 점화 D데이가 5월 10일로 정해졌다. 정상 행사를 치른 이후부터는 어느 원정대든 등정일을 잡을 수 있다. 우리 팀은 5월 15일 전후를 예상하지만 그때의 상황에 따라 가변적이다.

무엇보다 날씨가 첫째 변수다. 등정할 수 있는 좋은 날은 일 년 중 며칠뿐, 그것도 그때가 돼야 알 수 있다. 그 다음은 고소 적응이다. 누구나 체력은 준비됐고 등반 기술 또한 익혔을 것이다. 고소 적응은 이를테면 고소 백신인 셈이다. 올라 본 높이에 비례해서 고소증을 예방할 수 있다. 따라서 무조건 올라갈 수 있는 데까지 최대한 올라가서 희박한 공기에 적응할수록 이롭다.

내일부터 C4^{7,600m}까지 오른다. 산소량이 BC의 52%에서 38%로 뚝 떨어진다. 무려 14%가 차이난다. C4까지 최대한 접근할수록 좋다. C4까지 올라간다면 등정 가능성이 높아지는 것이다.

3차 등반: BC-C1-C2-C3-C4 왕복

3차 등반 초반부터 이상이 생긴다. 지난 두 차례 등반에서 없었던 현상이다. BC를 떠나 IBC로 가는데 속이 느글거리고 설사가 끊이지 않는다. 고소에는 적응했다 싶었는데 무엇이 문제일까. 100m쯤 가다, 50m쯤 가다 설사와 구토를 반복한다. 급기야 10m를 못 넘긴다. 위액까지 쏟아져 나온다. 더 이상 나올 게 없을 때 멈췄지만 항문이 무척 쓰리다. 도와주던 타케도 어찌 할 바를 모른다. 그냥 지켜볼 수밖에 없는 타케의 괴로움이 그의 눈빛에서 읽힌다.

다 쏟고 나자 고통은 멈췄지만 바닥난 기력이 발목을 잡는다. 일찍 아침을 먹고 남보다 먼저 출발했는데 벌써 해가 중천을 지난다. IBC에 도착했어야 할 시간이다. 마음이 흔들린다. BC로 내려갈까 하다가 마음을 바로 다잡는다. 액땜한 셈 치자고 편하게 마음먹는다.

오후 5시쯤 IBC에 도착하자마자 쓰러지듯 엎드려 눕는다. 텐트 지퍼가 열린 틈으로 눈발 속에 짐을 바리바리 실은 야크 몇 마리가 아래쪽 빙하에서 올라오는 것이 보인다. 타케가 끓여 준 쌀죽을 몇 술 삼킨다. 스르르 잠이 온다. 앓으면서 알게 됐다. 고소증이 아니라 복통이었다. 식당 텐트에서 마신 물이 문제였다. 얼음물을 끓여서 살균했다지만 충분하지 않았던 모양이다.

아침에 어제 삼키다 만 죽을 마저 먹고 기력을 되찾았다. 그렇지만 오늘은 등반할 힘이 없다. 내일은 ABC로 갈 수 있을 것 같다. 하루를 IBC에서 쉬기로 한다. 밤새 날리던 눈발은 날이 밝으면서 멈췄다. 정상이 보인다. 구름 한 점, 바람 한 점 없는 에베레스트를 보기는 처음이다. 말수 없는 타케조차 "기가 막히게 좋은 날씨Very beautiful day."라고 감탄한다. 나는 "서밋 데이가 이랬으면 좋겠다."

북동릉의 설사면(7,100~7,600m).
이곳에서부터 산소량(38%)이 급격히 떨어져 숨쉬기가 힘들어진다.
대부분 여기서부터 산소 마스크를 쓴다.

고 받는다. 하늘은 새파랗고 땅은 새하얗다. 두 색뿐인 세상이다. 적막한 이 큰 산중의 빙하 둔덕에 나와 타케 둘만 있다. 하루 종일 하늘 보며 땅 보며 한가롭게 쉰다.

하루 푹 쉰 효과가 나타난다. 기력이 좋아졌다. 타케와 둘이서 어릴 적 동무처럼 발맞춰 걷는다. 롱북빙하의 한복판을 시간 가는 줄 모르고 올라 창체산 언저리 능선의 둥근 바위에 앉아 쉰다. 하늘이 맑다. 아내와 손 흔드는 아이들의 얼굴을 그려 본다. '아범아, 조심해.' 돌아가신 어머님의 말씀도 들린다. 눈시울이 젖는다.

나 때문인지 말없이 곁에 있던 타케의 눈에도 눈물이 그렁그렁하다.

"설산 깊은 곳에 오면 아버지가 생각나요. 동생도 아버지가 하던 일을 하고 있어요."

셰르파였던 타케의 아버지는 타케가 어릴 때 산에 묻혔다. 타케는 아버지가 묻힌 그 산에서 일을 한다. 하늘을 보며 말하던 타케가 손등으로 눈물을 훔친다. 타케의 어머니는 얼마나 애가 탈까.

타케는 내게 감자를, 나는 타케에게 사탕을 주었다. 타케가 또 눈물을 보인다. 이럴 때 필요한 약은 움직이는 것뿐이다.

"렛츠 고. 타케."

"예스. 사부."

ABC 도착 시간은 오후 4시. 2차 등반 때보다 2시간 빠른 5시간 30분이 걸렸다. 대원들은 어제 C3^{7,100m}를 왕복했다. 일부 대원들은 C4^{7,900m} 근처까지 갔다 왔다. 나는 내일 타케와 함께 C3에 올라가 자고, 다음날 C4로 간다. 갈 수 있는

데까지 최대한 높이 올랐다가 ABC로 돌아올 생각이다.

48명이 인파인가?

오늘도 노스콜^{경사 20~100도} 빙벽에 인파가 몰렸는지 궁금하다. 오늘은 몇 명이나 되는지 꼭 확인해 볼 작정이다. 노스콜의 전경이 한눈에 들어오는 곳까지 접근 했다. 오늘은 더 많아 보인다. 노스콜을 100m 정도 앞두고 정밀 관찰에 들어 간다. 바로 내 앞 설원부터 시작해 상단 끝의 설벽까지 미세하게 구간을 나누어 '노스콜 인파 해부도'를 그려 볼까 한다.

우선 타케부터 카운트한다. 적군의 성벽을 바라보는 장군 같다. 1명. 타케 앞쪽에 두 사람이 마주 보며 대화한다. 3명. 누군가 혼자 걷는다. 셰르파. 4명. 빙벽 시작점에 1명이 보인다. 5명. 빙벽 시작 지점에 7명이 붙었는데 앞쪽의 1명이 주춤거리자 6명이 짜증을 내는 듯하다. 12명. 그들 앞으로 4명은 무난히 오른다. 16명. 중간 지점에 붙은 4명은 몹시 지쳤는지 움직이지 않는다. 20명. 그 위로 4명은 안정적으로 등반한다. 일정 간격을 유지하며 숙련된 동작으로 등반하는 모습이 아름답다. 24명. 그들 앞으로 9명이 그룹을 이루었는데 맨 앞의 1명을 빼고는 기진맥진한 모습니다. 33명. 이들이 붙은 빙벽의 고도는 약 7,000m. 산소량은 41%다. 북미 최고봉 디날리^{6,194m}보다 훨씬 높고, 아콩카과^{6,962m}와 비슷하다. 빙벽의 상단 부분은 멀어서 몇 명인지만 파악할 수 있을 뿐 디테일한 동작은 관찰할 수 없다. 그 수는 15명. 현재 노스콜에 붙은 등반 인원은 모두 48명이다. 해발 7,000m에 위치한 빙벽에 48명이 붙었으니, '까맣게' 보이기는 한다. 하지만 48명을 인파라 할 수는 없다.

머릿속까지 춥다

두 번째 노스콜이다. 잠시 등반자 수를 확인하느라 관찰자가 되었는데, 별 의미는 없다. 까맣게 붙은 것처럼 보이는 사람들의 수가 얼마나 되는지 궁금증을 해소했을 뿐이다. 이젠 내 차례다. 조금 전까지 관찰자였던 나는 이미 한 번 경험을 했기 때문에 등반자들이 놓인 상황이나 감정을 충분히 이해한다. 하지만 그들의 고통을 고스란히 느낄 수는 없다. 이해한다는 것은 이성의 영역에서 심정적으로 공감한다는 것이지 온전히 체화했다는 의미가 아니다. 내가 곧 겪게 될 일이면서도 그렇다. 이것이 인간의 한계다.

한 번의 경험이라는 것이 조금이라도 고통을 경감시켜 주지는 않는다. 오히려 처음보다 더 힘들고 지친다. 그래도 한 번 해봤기 때문에, 당연히 해낼 수 있을 것이라는 믿음을 갖게 하는 데는 크게 도움이 된다. 경험의 힘이란 그런 거다. 죽을힘을 다해 C3^{7,100m}에 올랐다. 추위는 ABC와 비교가 되지 않는다. 뼛속, 머릿속까지 꽁꽁 어는 것 같다. 이곳에서 나는 하나의 눈송이 같은 존재에 지나지 않는다.

C3의 2인용 텐트에서 타케와 함께 밤을 맞이한다. 텐트가 생존을 위한 유일한 안식처다. 저녁으로 뜨물 같은 미역죽을 끓였지만 메스꺼워서 넘길 수가 없다. 머릿속이 계속 멍하면서 얼얼하다. 밤은 또 얼마나 길까. 플라스틱 물병에 뜨거운 물을 담아 슬리핑백 속에 넣어도 몇 시간을 넘기지 못한다.

아침이 되어도 멍한 상태가 지속된다. 타케도 몹시 수척해 보인다. 내가 밤내내 뒤척인 바람에 잠을 설친 모양이다. 오줌통은 밤새 꽁꽁 얼었다. 침낭 속에 넣은 물병은 차갑다. 그래도 얼음을 깨물어 삼키는 것보다 낫다. 한 모금 마시고 쓰린 빈속을 달랜다. 아침은 쌀죽인데 입에 대다 만다. 흰죽인데도 느글거린다. 한 번 더 시도하다 포기한다.

인공 산소 없이 7,600m에 오르다

설사면인 C4^{7,600m}로 올라가는 초입에 크레바스가 입을 벌리고 있다. 입속이 깊다. 알루미늄 사다리를 걸쳐 놨지만 건너가기가 섬뜩하다. 벌벌 떨면서 건넌다. C4가 아득히 멀다. 등반자들의 행렬이 백지에 그려진 점선 같다. 잠시 망설인다. C4까지 가야 할까, 말아야 할까. 도무지 올라갈 만한 컨디션이 아니다. 그렇다고 내려가기는 싫다. 몸은 무겁고, 머리는 지끈거린다. 이러지도 저러지도 못한 채 그냥 멍하게 서 있기만 한다. 타케는 한 마디 말도 없다. 올라가자고 하든 내려가자고 하든, 어느 쪽이든 따를 생각인데 장승처럼 서서 내 결정만을 기다린다.

타케는 신중하고도 현명한 셰르파다. 그는 나에게 지나치게 독려하지도 않고 위축되게 하지도 않는다. 나의 자존심을 고려하면서 묵묵히 지켜본다. '당신은 자신에 대해 객관적으로 판단할 줄 하는 사람이니까, 어떤 결정을 하든 지지하겠다'는 태도인 것은 알지만, 이럴 땐 조금 야속하기도 하다. 울고 싶을 때 뺨을 때려 주는 사람이 반갑기도 한 것이 사람의 속내 아닌가. 고민 끝에 더 가야겠다는 쪽으로 마음이 기운다. 한 발자국이라도 더 올라 저산소에 적응하는 것만이 등정 가능성을 높여 준다.

"렛츠 고."

타케는 조금 걱정이 되는 듯, 대답은 않고 나를 따른다. 7,100m보다 높은 곳은 내 등반 이력에서 백지다. 단 한 걸음이 어떤 일을 야기할지 아무도 모른다. 걸을 수 있다면 걷는다. 아주 단순한 원칙이다. 길게 생각하는 것도 에너지 낭비다.

사진으로 북동릉을 봤을 때는 밋밋해 보였다. 그런데 실제는 사진보다 훨씬 가파르다. 다행히 고정 로프가 설치돼 있어 안심이 된다. 고정 로프가 없다면 오를 수 없을 것 같다. 점점 다리가 무거워진다, 몸은 무중력 상태에 놓인 듯 흐느적거린다. 그래도 많이 왔다. 흔히 이 높이^{7,500m} 쯤에서부터 산소 마스크를 쓰는 이유를 알 것 같다.

머리가 이상하다. 텅 빈 것 같기도 하고, 뭔가 꽉 찬 것 같기도 하다. 몸은 물병으로 가득 찬 배낭을 멘 것 같다. 몇 걸음 가다 멈추기를 반복한다. 하지만 고꾸라지지는 않는다. 숨을 거푸 들이쉬는데도 숨이 가쁘다. 정말 힘들다. 될 대로 되라는 심정으로, 풀썩 주저앉는다.

"아, 좋다."

설사면이 하얀 초원같이 느껴진다. 배낭을 멘 채 덜렁 눕는다.

"아, 편안하다"

하얀 눈밭이 푹신하다.

"날씨 참 좋다!."

파란 하늘이 푸근히 안아 준다. 발치 아래 왼쪽 계곡에 쌓인 티 한 점 없는 순백의 빙하는 신들의 놀이터일까 운동장일까. 그 건너에 볼록하게 솟은 봉우리는 푸모리이리라. 창체봉은 허리에 암벽을 두른 백발의 노장군 같다. 고봉들의 파노라마가 파도처럼 출렁인다.

타케는 여전히 침묵 중이다. 이래라 저래라 한 마디 말도 없다. 묵언정진 중인 수행자인 양 묵묵히 내 뒤를 따르기만 한다. C4가 얼마 남지 않았다. 노랗고 빨갛고 알록달록한 원색의 텐트들이 룽다처럼 보인다.

오늘의 목적지 C4에 도착한다. 기대 이상의 성과다. 등정의 희망이 조금 더 선명해진 것 같다. 고도 7,600m를 인공 산소 없이 올랐다. 또 나의 신기록이다. 타케와 피켈을 들어 하이파이브를 한다. 타케가 싱긋 웃는다. 처음 보는 웃음이다. 엄청난 칭찬을 받은 기분이다. 그러고 보니 이번이 타케에게서 받은 최초의 칭찬이다. 타케도 내가 인공 산소의 도움 없이 여기까지 온 것이 믿기지 않는 눈치다.

고소 보너스, 신의 영역까지 무산소로 오를 수 있는 백신

C4에 올라 무엇보다 기쁜 건 고소 보너스를 받았다는 것이다. 그것은 흔히 '죽음의 지대' 혹은 '신의 영역'이라 일컬어지는 8,000m의 높이에 인공 산소 없이 오를 수 있는 초청장을 받았다는 뜻이다. 무슨 말인고 하니, 3,000m 이상의 고산에서는 목적지에 도착한 지점에서 이상이 없을 경우 500m 정도를 더 오를 수 있다고 가정한다. 오랜 시간 축적된 고산 등반의 경험칙이다. 7,600m에 올랐다는 것은 8,100m도 오를 수 있는 500m짜리 고소 백신을 맞았다는 걸 의미한다.

이 고소 백신의 효과는 사람에 따라 다른데, 짧게는 2개월에서 길게는 1년까지 지속된다. 나의 경우 산소 마스크를 쓰지 않고 오를 수 있는 높이의 목표를 최대한 8,100m까지 끌어 올릴 수 있다. 그 위부터는 인공 산소의 도움을 받을 수 있으니, 적어도 이론적으로는 정상에 오를 가능성이 한층 높아졌다는 얘기다.

설사면 하산은 급경사일수록 신난다. 털썩 앉으면 저절로 미끄러진다. 엉덩이가 썰매이자 스키 역할을 한다. 고정 로프에 몸을 확실하게 확보한다. 고정 로프는 설사면의 경사가 30도 이상이면 100m, 그 이하는 200m짜리로 연결돼 있다. 피켓은 경사와 상관없이 50m 간격으로 박혀 있다. 로프가 몸무게를 실어 휘청거리고, 아래쪽으로 쏠리며 팽팽해지지만 위험할 정도는 아니다. 올라갈 때는 고행길이었으나 내려올 때는 스포츠카처럼 빠르다. 1시간 남짓한 사이에 C3^{노스콜}에 도착한다.

엉덩이 부분의 우모복이 젖어 한기를 느낀다. 500m짜리 하산 효과는 즉각적이다. 올라갈 때 그렇게 무겁던 몸과 머리가 가벼워진다. C3에서 타케와 둘이서 노스콜 설벽을 라펠링한다. 펄쩍펄쩍 뛰면서 신나게 내려간다. 높이 460m의 설벽 로프 하강은 내 빙벽 등반에서 신기록이다. 지겹게 힘들었던 오전 상행, 즐거운 오후 하행. 멋진 하루였다. 오늘 밤은 ABC에서 자고 내일 BC로 내려간다.

4차 등반: BC-IBC-ABC-C3-C4-C5-정상!

등정 출발일이 5월 7일로 정해졌다. 날씨에 이상이 없는 한, 등정한다면 13일 아침 무렵이 될 것이다. 20명의 대원을 10명씩 A조와 B조로 나눴는데 나는 A조에 편성됐다. 나는 노란색 산소 마스크, 타케는 빨간색 산소 마스크를 지급받았다. 사용법을 수시로 익힌다. 세르파들은 아랫마을 윗마을 오가듯, 위아래 캠프를 오르내리며 식품과 장비를 추가로 운반한다. 타케가 셰르파들을 리드하고 있다. D데이가 이틀만에 바뀐다. 출발일의 날씨가 나쁘다는 예보 때문에 10일로 연기됐다. 또 바뀔지 모를 일이다. 예보대로라면 등정일은 16일 전후가 될 것이다.

등정일의 최종 윤곽이 잡혔다. 상업대는 이쪽이든 네팔 쪽이든 날씨가 좋다는 15일부터 17일까지 3일간으로 일정을 잡아 놓고 있다. 우리 팀도 상업대와 같은 16일과 17일 이틀간으로 잡았다. A조 10명은 16일, B조 10명은 17일 각각 등정한다. BC에서 출발일은 A조는 10일, B조는 11일이다. 나는 체력 안배를 위해 하루 전인 9일 혼자 BC를 떠나 IBC에 도착하여 1박 한다. 그 다음 날인 10일 올라오는 A조 대원들과 IBC에서 합류, ABC까지 간다. 12일까지 ABC에서 2일간 휴식하고, 13일부터는 쉬는 날 없이 정상까지 오른다.

마지막 산신제

5월 들어 BC에는 봄기운이 완연하다. BC 아래쪽으로 관광객이 부쩍 늘었다. 그들의 떠들썩한 목소리가 BC까지 들린다. 아침에는 안개가 자주 끼고, 낮이면 하늘에 구름이 한가롭다. 건조했던 바람은 촉촉해졌다.

식당 텐트에서 오랜만에 내 얼굴을 본다. 좀 말랐고 검게 탔지만 웃고 있다. 반갑다. 내가 내 모습을 보고 반가워할 수 있다니. 신기한 경험이다. 한편으론 내가 낯설기도 하다는 것인데, 에베레스트 산촌의 주민으로 적응을 잘 했다는 의미로 받아들인다.

끝난 줄 알았는데 또 산신제를 지낸다. 네 번째다. 한 움큼 쌀을 쥐고 하늘에 뿌린다. 처음은 낮게, 다음은 조금 높게 넓게, 마지막은 아주 높고 넓게 쌀을 흩뿌린다. 나의 정성이 정상까지 닿기를 소망한다.

사경을 헤매는 한 산악인을 구조하다

마침내 정상으로 향하는 등정길에 오른다. 김지우 대원과 함께 다른 대원들보다 하루 먼저 BC를 떠난다. 손을 흔들며 배웅하는 대원들에게 내일 보자며 스틱을 들어 인사한다. 평소 나와 우호적 관계였던 지우가 혼자 떠나는 내게 우정 어린 동행을 자청했다. 셰르파들은 동행하지 않는다. 할 일이 많기 때문이다. 지우와 나를 제외한 모든 대원들은 내일 IBC를 건너뛰어 ABC로 직행한다.

첫날 밤은 IBC에서 단잠을 잤다. 몸 상태도 이상이 없다. 그래도 체력을 아낀다. 쉬엄쉬엄 걷고 자주 쉬면서 여유롭게 ABC로 오른다. 알록달록한 타르초가 멀리 보인다. ABC에 가까이 왔을 때, 사경을 헤매는지 죽었는지 누군가 쪼그려 엎드린 자세로 쓰러져 있다. 누가 먼저랄 것도 없이 달려간다.

어느 아시안이다. 아직 숨결이 남아 있다. 극심한 고소 증세인 듯 빈사 상태다. 김지우가 정신 차리라고 흔들며 몸을 바로 눕히다가 화들짝 놀란다. 미친듯이 인공호흡을 하는데 거의 제정신이 아니다.

"형, 형! 정신 차려."

지우가 그 사람을 형이라고 부른다.

"이 사람 누군지 알아?"

"네. 000 대장님이에요."

일본 팀에 한국 사람이 있다던데 바로 이 사람인 것 같다. 그런데 왜 혼자일까? 하여튼 지우가 그를 업고 내가 뒤에서 밀며 허겁지겁 ABC로 달려간다. 우리 팀 주방에서 응급조치를 하자 정신을 차린다. 급히 닭죽을 끓여 먹이자 기운을 차린다. 시체 같았던 사람이 말짱하게 살아났다.

김지우는 이 얘기를 입 밖에 내지 않는다. 우리 팀원들에게조차 누구를 구조했다는 사실을 말하지 않는다. 생색내는 것 같다고 생각해서인지, 구조된 사람의 명예가 손상 될까 그런 것인지는 모르겠지만 함구로 일관한다. 어쨌든 소리 소문 없이 구사일생으로 한 생명을 구해 냈다. 두 사람은 산에서 만나 서로 잘 알고 지내 왔던 관계다. 그런 관계라 할지라도 제 한 몸 가누기 힘든 고산에서 누군가를 구해 낸다는 것은 쉬운 일이 아니다. 그런 김지우가 나의 동료라는 사실이 무척 자랑스럽다.

나의 등정 가능성은 제로(?)

ABC 주방 텐트에 대원들의 '등반 기록 그래프'가 있다는 걸 정상을 향한 등반 길에 처음 알았다. 맨 끝 자리의 내 이름 옆에는 초기 기록뿐이고 나머지는 공란이다. 당혹스럽기도 하고 섭섭하기도 하지만 한편으론 이해가 된다. 그래프를 작성한 대원의 시각에서는 나의 등정 가능성이 제로에 가까워 보였던 모양이다. 그럴 수도 있겠다. 3차 등반까지 늘 꼴등이었으니까. 하지만 공란의 진짜 의미는 판단 유보였을 것이라고 생각한다.

내일 C3로 오른다. 이후로는 휴식 없이 곧장 정상까지 간다. 장비를 점검한다. 양말과 속옷을 새 것으로 갈아입고, 그간 입었던 옷가지도 가지런히 정돈해 놓는다. 집 생각이 난다. 아이들과 아내의 얼굴이 보인다. 누나, 동생도. 이 자리에 돌아올 때 난 어떤 모습일까. 울까. 웃을까. 그런데 어느 산에서든 등정 전날 느꼈던 불안과 긴장, 두려움 같은 감정이 없다. 기대나 설렘 같은 것도 없다. 이런 기분은 처음이다.

정상으로

타케와 나 둘이 C3로 출발한다. A조 대원들 10명 모두 전담 셰르파와 짝을 지어 각각 출발한다. 설원 앞에서 크램폰을 착용하는데 손발이 시리고 몸놀림이 둔해서 잘 되지 않는다. 타케가 눈치 빠르게 도와준다.

설원을 걷는다. 그냥 걷는다. 노스콜은 이번이 세 번째다. 스틱을 피켈로 바꾼다. 스틱은 돌아올 때 다시 쓸 수 있게 외진 곳의 눈에 꽂아 둔다. 북동릉의 등반자들이 오늘 다 몰린 듯 북적거린다. 노스콜 설벽은 정체가 심하지만 나에게는 오히려 도움이 된다. 앞쪽이 가면 따라가고, 멈추면 기다리면서 쉰다. 이때의 기다림은 요즘 젊은 사람들 말로 멍 때리는 시간이다. 앞뒤에서 들리는 거친 숨소리, 느슨해졌다가 금방 팽팽해지는 로프의 움직임이 등반자들의 신체 상태와 미세한 동작까지도 번역한다. 공기 속에도 팽팽한 긴장감이 흐른다. 아무도 말이 없다.

물 대신 얼음 조각을 깨물어 목을 축이며 C3에 도착한다. 세 번째다. 다른 대원들도 모두 무사히 올라왔다. 타케는 동료들과 함께 셰르파 텐트에서 오늘 밤을 지낸다. 나는 동료 두 명과 셋이서 2인용 텐트를 쓴다. 긴장 탓인지 셋 모두 앉았다 누웠다 비몽사몽 밤을 새우며 아침을 맞는다.

어제처럼 대원들은 전담 셰르파와 짝을 지어 경쟁이라도 하듯 앞다퉈 출발한다. 모두 떠났다. 또 타케와 나만 남았다. 내가 꾸물거린 탓이다. 타케와 둘이서 C4로 떠난다. 긴장이 돼서 그런지 3차 고소 적응 등반 때보다 발이 무겁고 숨이 가쁘다. 그러나 염려할 정도는 아니다. 산소 마스크를 쓸까 말까 망설이다가 아직 버틸 수 있는 몸 상태여서 참기로 한다. 지난 등반 때 산소통 없이 C4까지 올라갔다. 고소 적응 백신에 대한 믿음이 있어서인지 불안하지는 않다.

C4가 있는 절벽 아래쪽까지 각양각색의 등반자들이 줄을 잇는다. 앞서가던 사람들이 내가 지나갈 수 있게 길을 열어 준다. 고맙다는 뜻으로 고개를 끄덕인다. 여러 명을 앞지른다. 그들 속에는 우리 대원들도 있다.

지난 등반 때 봤던 푸모리의 둥근 정수리가 오른쪽 빙하 건너로 보인다. 구면이어서 더 반갑다. 푸모리도 그럴 것이라고 여긴다. 힘들 때마다 푸모리와 눈을 마주친다. 숨이 차올라 다리를 들기 힘들 즈음 푸모리를 마주 보며 앉는다. 타케는 지난 등반 때도 그랬듯이 장승처럼 내 뒤에 서 있다.

산소의 힘, 새벽 공기보다 신선하다

산소를 마실까 말까 또 망설인다. 그러나 더 이상 참을 필요가 없다. 무산소로 오를 수 있는 한계를 시험해 보는 고소 적응 등반도 아니다. 힘을 아끼는 것이 우선이다. 하산할 힘을 남겨 둬야 한다.

C4의 알록달록한 텐트들이 보이는 곳에서 마침내 산소 마스크를 쓴다. 타케가 내 배낭 속에 있는 산소통의 계기를 맞추어 준다. 설사면 중간을 지난 7,500m지점이다. 100m를 더 오르면 C4다.

몇 년 전 크리스마스 장식물을 주차장 전봇대에 설치하다가 떨어져 가슴과 골반을 다쳐 수술을 받고 입원한 적이 있다. 그때 마셨던 산소와는 차원이 다르다. 한여름 얼음 냉수보다 시원하다. 머리가 맑아진다. 울창한 숲속에서 아침 공기를 마시는 느낌보다 더 상쾌하다. 다른 세상에 온 것 같다.

C4 앞쪽의 돌 더미에 앉아 숨을 고르고 있던 우리 팀의 김재수 대장과 고미영 대원이 나를 알아보고 놀란다. 그 사람 맞아? 이렇게 빨리 올 리가 없는데, 하는 표정면서도 기쁜 내색을 감추지 않는다

기네스북에 이름을

C4에 설치된 2인용 텐트 안에서 나를 포함하여 4명이 꼼지락거린다. 비좁아서 누울 수는 없고 서로 몸을 기대고 앉았다. 이곳에 도착한 초저녁부터 잠을 이루지 못하고 비몽사몽 밤을 보낸다. 산소 마스크로 얼굴을 가린 모습들이 우주인 같다.

신현대 대원이 끓인 된장국 한 컵을 저녁 겸 밤참으로 마신다. 신 대원은 기타를 지니고 등반하고 있다. 정상에서 세계 최초로 기타를 치면서 노래를 불러 기네스북에 이름을 올리겠다는 꿈을 갖고 있다. 가수로서 꿈꿀 만한 일이다.

타케는 오늘 밤도 셰르파 텐트에서 지낸다. 내일 아침 일찍 동료 셰르파들과 함께 C5로 먼저 올라간다. C5는 아직 텐트가 설치되지 않았다. 우리 팀만이 아니라 모든 팀이 그렇다. 워낙 높은 곳8,300m이기 때문에 정상 등반 과정에서 셰르파들이 먼저 올라가 텐트를 설치한다. 따라서 내일 등반은 셰르파 없이 각자 출발하게 된다. 산소통의 게이지를 내일 아침까지 마실 수 있도록 최소한으로 낮춘다. 내일 출발할 때 새 산소통 1개를 갖고 가야 한다. 고소증으로 정신이 혼

미해져 잊을 수 있다. 절대 그래서는 안 된다고 몇 번이나 되새긴다.

에베레스트에서 혼자가 된다는 것

아침에 또 혼자가 됐다. 새벽녘에 깜박 잠이 든 것 같다. 눈을 떠 보니 아무도 없다. 우리 팀은 물론, 다른 팀의 대원도 없다. 모두들 예정 시간보다 일찍 출발한 것이다. 그래도 혹시나 싶어 캠프 사이트를 둘러봤지만 정적만 감돌 뿐이다. 무섭다. 깊은 산속에서 길을 잃고 패닉에 빠졌을 때와도 다른 감정이다. 두렵다. 괜찮아, 괜찮아, 하면서 마음을 다잡아 보지만 별로 도움이 되지 않는다. 더 깊은 공포감과 무력감에 휩싸일 뿐이다. 바람이라도 거세게 불면 가뭇없이 어디론가 날려가 버릴 것 같다.

지금 내가 이 공포에서 벗어날 수 있는 유일한 길은 C5를 향해 한 걸음이라도 옮겨 놓는 것이다. 내게 할당된 산소통 1개를 배낭에 넣는 걸 잊지 않는다. 산소통이 텐트 옆에 수북이 쌓여 있다. 내일 오는 B조 대원용이다. 산소통을 하나 더 가져갈 수 있다면 등반이 쉬워질 텐데, 하는 생각을 잠시 하다가 소스라치듯 고개를 흔든다. 저 아랫동네에서 흔히 저지르는 가벼운 실수도 이곳에서는 엄청난 범죄가 될 수 있다. 보통 죗값에 8,000을 곱해야 한다.

C5로 오른다. 내 앞에도 내 뒤에도 아무도 없다. 산세가 그동안의 모습과 확연하게 달라진다. 큼직한 바위가 줄을 잇는 날카로운 능선이 예사롭지 않다. 그나마 고정 로프가 암벽 곳곳에 설치돼 있어 마음이 놓인다. 길 잃을 염려는 없을 것 같다. 주마를 로프에 걸어 롤러코스터를 타듯 바위들을 오르내린다. 사람들이 보인다. 마음이 놓인다. 사람이 있다는 걸 확인하는 것만으로도 안심이 된다.

하산을 결심하는 동료

작은 바위에 주저앉은 우리 팀 K대원을 만난다. 어젯밤에 어깨를 서로 내주며 의지했던 사이다. 그때도 아무 이상이 없어 보였는데 몹시 지쳐 있다.

"내려가겠습니다."

하루만 더 가면 정상인데, 얼마나 힘들었으면 이런 결정을 할까. 이런 상황에서 감상은 금물이다. 그의 하산은 마땅히 존중 받아야 할 그의 선택이다. 생존 본능에 따른 행동이라면, 그것이 옳다. 얼마 못 가서 우리 대원을 또 만난다. 서너 명이 거의 탈진한 상태에서 로프에 매달려 있는데 그 중 한 명이 우리 대원이다. 산소 마스크와 고글에 얼굴이 가려졌으나 서로 누군지 알아본다. 그러나 그는 힘들다는 말조차 못하고, 나는 반갑다는 말도 못한다. 그는 나에게 계속 가라며 위쪽으로 턱짓을 한다. 냉정한 상황 판단은 산악인으로서 필수 덕목이다. 아쉬움과 미련은 다음 기회에 만회하면 된다. 그는 훗날 다시 에베레스트에 도전하더라도 오늘 결정을 후회하지는 않을 것이다.

'죽음의 지대'에 들어서다

C4를 떠난 지 서너 시간쯤 지난 듯하다. 확실한 시간은 모른다. 겹겹으로 입은 속옷과 우모복, 속장갑, 벙어리장갑으로 팔목을 감싼 바람에 시계 보기가 쉽지 않다. 아니, 시계를 보는 1초도 안 되는 시간을 위해 그보다 수백 배, 수천 배 더 에너지가 소모되는 것이 싫다. 삐죽삐죽 바위가 드러난 널찍한 설원이 나타난다. 일기예보와 달리 눈발이 날린다. 고도는 8,000m쯤으로 어림한다. 이른바 '죽음의 지대'에 들어선 것이다.

어떤 사람들은 8,000m 이상의 고도를 '신의 영역'이라고, 그래서 신이 허락해야만 오를 수 있다고 말한다. 진심으로 신의 존재를 믿고 한 말인지는 모르겠지만, 그가 신의 허락을 받았다는 증거를 내보인 적도 없다. 물론 등정이 그게 아니냐는 주장이겠지만, 신과 인간 모두에 대해서 예의가 아닌 것 같다. 결과적으로 그 등정 과정에서 목숨을 잃은 동료나 셰르파는 신으로부터 징벌을 받은 것이 되기 때문이다. 8,000m 이상의 지대가 얼마나 위험한 곳인지, 그곳으로 오른다는 것이 얼마나 어려운 일인지를 말하기 위해 동원된 수사가 '신의 허락'일 것이다. 자신의 겸손을 극적으로 표현한 것일 수도 있다. 하지만 어떤 경우든 적절치 않다. 한 개인의 등산 행위에 대해 이래라저래라 간섭할 만큼 한가한 신은 없다. 개인적 신앙의 유무를 떠나서 우리가 신을 찾는 건, 인간으로서 우리의 한계를 명확히 인식하는 것이다. 우리는 살아가면서 알게 모르게 신의 손길이라고 말할 수밖에 없는 일을 경험하기도 한다. 정녕 신의 허락을 받았다고 믿는다면, 진심으로 행운에 감사하는 것으로 그칠 일이다.

사경을 헤매는 듯한 등반자가 여럿 보인다. 주저앉아 고개를 숙이고 있거나, 넋이 나간 표정으로 먼 곳을 바라보고 있다. 우리 팀의 윤치원 대원이 작은 바위에 앉아 쉬고 있다. 베테랑 산악인인 윤치원은 무산소 등정을 목표로 삼고 있다. 나를 알아본 윤치원의 얼굴은 반가움으로 가득했지만 눈빛은 초점을 잃었다. 이런 상태가 지속되면 위험할 것 같다. 그의 자존심을 고려할 상황이 아니다.

"산소 마스크 쓰시죠."

그의 등을 토닥이며 말한다. 직업 산악인으로서 무산소 등정 의욕이 워낙 강해서 나 같은 아마추어의 말은 귀담아 들을 것 같지 않지만, 한 번 더 말한다.

캠프5(8,300m). 세상에서 가장 높은 캠프 사이트다.
산소량 35%인 곳으로 히말라야 14좌 중 하나인 초오유(8,201m)보다 높다.
모든 등반대는 원칙처럼 여기에서 오후 10시에 등정을 시작하여
돌발 변수가 없다면 아침 무렵에 정상에 도착한다.

"꼭 쓰세요."

죽음의 지대를 걷는다. 한 걸음에 생사가 갈릴 수도 있는 곳이다. 고정 로프는 없다. 흩날리던 눈발이 얼음 가루로 바뀐다. 미세한 입자의 얼음 가루가 무자비하게 쏟아진다. 화이트 아웃 현상까지 겹친다. 하얀 어둠에 갇혀 한동안 꼼짝 할 수가 없다. 털모자가 묵직해져 고개를 흔들어 눈을 털어 낸다. 얼굴 빈 곳에 떨어지는 얼음 가루가 바늘로 찌르는 것 같다.

폭설에 갇힌 설사면에 텐트 몇 동이 어슴푸레 보인다. C5^{8,300m}다. 도착해 보니 타케를 비롯한 세르파들이 텐트를 설치하고 있다. 아직 끝내지 못했다며 미안해한다. 일찍 왔지만 폭설로 인해 텐트를 칠 수 없었다고 한다. 폭설이 조금 수그러진 조금 전부터 작업을 시작했다면서 마무리를 서두른다. 우리 팀의 A조 10명 중 나를 비롯하여 김지우, 이상호, 김재수, 고미영 등 모두 5명이 도착했다. 텐트 한 동이 설치될 때까지 한 시간 정도 장승처럼 눈을 맞는다. 쾌청할 것이라던 일기예보는 100% 빗나갔다. 현재 시각은 오후 5시. 등정 출발 시간인 D타임은 오후 10시다. 모든 원정대가 원칙처럼 따르는 시각이다. 그때까지 C5에서 버텨야 한다.

8,300m 위 작은 텐트, 유일한 존재 증명은 '숨소리'

30도 정도 기울어진 C5의 3인용 텐트 안에서 A조 5명이 체온을 나눈다. 앉기도 하고 몸을 기대 비스듬히 눕기도 하면서 출발 시간을 기다린다. 대원들의 모습은 우스꽝스러울 정도로 기괴하다. 풍선처럼 부풀어 오른 우모복, 주렁주렁 매달린 장비와 깊숙이 눌러쓴 털모자, 잠자리 눈 같은 고글, 산소 마스크로 입과 코를 가린 얼굴. 행동거지는 흡사 우주 공간을 유영하는 것처럼 슬로우모션이다. 당연히 웃음이 나올 상황인데 분위기는 꽁꽁 얼어붙었다. 모두들 극도로 긴장한 상태다.

다들 무슨 생각을 할까. 시시각각 떠오르는 생각이야 다를 테지만 대체적 느낌이나 행동, 목적 의식은 같을 것이다. 등정이라는 목적의 한 가닥 로프에 매달린 작고 지친 다섯 육신의 매듭. 시간이 흐르면서 얼었던 분위기도 조금 녹는다. 몸을 더 밀착시킨다.

텐트에 눈 쌓이는 소리 사이로 대원들의 숨소리가 스며든다. 적막을 깨는 생명의 소리다. 자연과 화음을 이루어서 그럴까. 숨이 편안해지면서 정신이 맑아진다. 더 깊이, 더 많이, 더 자주 심호흡으로 산소를 마신다. 부풀었다 줄어들기를 반복하는 산소 마스크의 고무 주머니가 텐트 속 분위기를 지배한다. 산소 마스크에서 나온 입김이 턱밑에 고드름을 만든다.

몇 시간이 지났다. 잠시라도 자 둬야 하는데 정신이 말똥말똥하다. 텐트로 떨어지는 눈 소리와 숨소리만 더 선명해진다. 침묵이 흐른다. 모두들 행동식을 지니고 있지만 먹지 않는다. 차를 한 잔 마신다. 오늘 몸에 들어간 유일한 음식물이다.

또 혼자가 되어

출발 시간인 밤 10시가 지났다. 30분을 기다렸는데도 함께 출발해야 할 타케가 보이지 않는다. 텐트 설치 작업 후로 본 적이 없다.

"타케, 타케!"

정상 직전의 설사면에서 바라본 북동릉.
칼날 같은 능선 비탈에 캠프5가 점처럼 보인다.
(화면 왼쪽 아래 ○표시 부분)

마스크를 턱밑으로 벗고 크게 외쳐 부르지만 대답이 없다. 덜컥 불안해지면서 화가 난다. 석굴 암자에서 함께 등정하자고 굳게 마음을 나눴는데. 이제 어떻게 해야 하나. 암담하고 맥이 빠진다.

다른 대원들은 모두 전담 셰르파와 함께 D타임에 맞춰 출발한 지 한참이 지났다. 더 크게 타케를 부른다. 설풍 소리에 묻혀 못 듣는 게 아닌가 싶어 몇 번을 반복해도 아무런 반응이 없다. 너무 소리를 지른 탓에 숨이 차서 가슴이 조여 들고 머리가 어찔해진다. 더 이상 부를 힘도 없다. 기다려야 하나 혼자 가야 하나, 판단이 서지 않는다. 다른 원정대도 거의 떠났다. 혼자 남았다는 외로움과 불안감이 엄습한다. 거의 패닉 상태에 빠진다. 용기와 자포자기 사이를 오가다가 마침내 결심한다. 할 수 없다, 혼자 간다. 가다 보면 누구든 만나겠지. 심호흡을 하며 불안감을 달래려 하지만 더 초조해진다.

오기일까, 절망감에서 벗어나려는 발버둥일까. 걸음이 빨라진다. 누구든 만나야 한다는 생각이 절박해진다. 다행히 앞쪽에 한 무리의 중국 셰르파들이 가고 있다. 바짝 따라가 거리를 좁힌다. 내 뒤를 누가 따르는지는 모른다. 뒤돌아볼 여유가 없다. 누구인가 따라오기는 하는 것 같다. 발자국 소리가 가까워졌다 멀어졌다 한다. 앞 팀과 멀리 떨어질까 봐 앞 사람의 크램폰 뒤꿈치에 시선을 고정시킨다.

헤드랜턴의 빛줄기가 길게 꼬리를 물고 이어지는 능선이 보인다. 나 홀로 등반이라는 두려움과 긴장 때문에 한동안 정상을 간다는 사실을 잊고 있었는데, 비로소 정상으로 오르고 있다는 것을 실감한다. 이제 나 자신으로 돌아왔다. 얼마나 희망했던, 얼마나 갈망했던 정상인가. 이제 그곳으로 간다.

산소통이 비었을 때, 타케가 왔다

로프에 몸을 묶어 등반 행렬에 몸을 싣는다. 몇 시간째 앞서가는 사람들의 숨소리와 따라오는 걸음 소리가 똑 같다. 푹푹거리는 산소 마스크 숨소리, 크램폰에 부서지는 얼음 소리. 꿈길을 걷듯 아득하다.

능선 아래서 고정 로프에 몸을 묶은 인간들의 띠가 멈춘다. 머리 위도 설벽, 발 아래도 설벽이다. 설벽에 몸을 기대 한동안 쉰다. 출발 이후 처음이다. 발아래 낭떠러지는 얼마나 깊을까. 보이지 않으니 알 수 없다.

10분, 20분. 기다림이 길어진다. 얼마를 더 기다려야 할까. 숨 쉬기가 점점 힘들어진다. 혹시 산소가 떨어진 게 아닐까? 산소 마스크를 벗었다 썼다 몇 번 반복한다. 쓰나 벗으나 똑같다. 산소가 바닥났다. 덜컥 겁이 난다. 산소통을 새것으로 갈아야 하는데, 새 산소통은 타케가 갖고 있다. 타케는 지금 어디 있을까. 무작정 타케를 부른다.

"타케! 타케!"

대답 대신 눈가루만 우모복에 수북이 쌓인다. 폭설이 야속하다. 아무래도 내 간절한 외침을 폭설이 삼켜 버리는 것 같다. 그래도 또 부른다. "타케!" 지금 나를 도와줄 사람은 타케뿐이다.

귀에 익은 목소리가, 그것도 한국말이 뒤에서 들린다. "타케 뒤에서 오고 있어요." 김지우 대원이다. 내 뒤쪽에서 줄곧 따라왔다고 한다. 어디서 무얼 하다 이제 오느지, 원망 따위는 싹 사라진다. 그저 반가울 뿐이다.

타케는 내 산소통의 산소가 바닥났다는 걸 알고 있었을까. 내게 오자마자 내 산소통 계기를 점검하더니 산소가 없다고 말한다. 자기 배낭에서 새 산소통을 꺼내 교체하는데 속도가 더디다. 숨 쉬기가 힘들고 맥이 풀린다. 빨리 하라고 다그친다. 타케는 산소통과 마스크의 연결 부분이 얼었다면서 잠깐만 기다리라고 나를 달랜다. 타케가 입김으로 녹여 연결한다. 산소를 마신다. 정신이 맑아 온다. 살았다.

지금 우리가 멈추어 선 곳은 150m 높이의 스리 스텝^{Three Steps, 8,564~8,710m}이 시작되는 설사면이다. 3개의 설벽이 층층이 앞을 가로막고 선 곳이다.

스리 스텝

첫 번째 관문인 퍼스트 스텝^{8,564m} 초입에서 등반 체증이 시작된다. 칼날 능선 바로 밑을 횡단하는 위험한 구간이다. 세 스텝 중 사고사가 가장 많이 발생하는 곳이다. 미끄러지지 않도록 한 발 한 발 초고도의 긴장을 요구한다. 오로지 횡단 로프 한 줄이 유일한 구명선이다.

가로지르는 설벽에 쌓인 신설이 발자국에 파인다. 한 사람이 겨우 지날 수 있는 좁은 폭인데 위도 절벽 아래도 절벽이다. 계곡 밑이 까마득하게 깊은데 캄캄해서 보이지 않는다. 밝다면 공포감에 질릴 것 같다. 무사히 퍼스트 스텝을 지났지만 북동릉에서 가장 어려운 구간인 세컨드 스텝이 기다리고 있다.

세컨드 스텝^{8,610m}은 높이가 100m나 되는, 난이도가 높은 설벽과 암벽이 섞인 구간이다. 병목 현상이 일어날 수밖에 없다. 앞 사람의 등반을 기다리는 동안에 혹한과 고소증을 이기지 못해 사망자가 나오기도 한다. 잔인한 계단이다.

머리 위쪽으로 헤드랜턴 불빛이 이어지고 있다. 밀려서 왔는지 휩쓸려서 왔는지, 어쨌든 수직으로 가파른 설벽^{40m} 밑까지 왔다. 또 기다려야 한다. 커튼처

에베레스트 북동릉에서 가장 어려운 세컨드 스텝(8,610m)의 암벽 사다리 구간.
등반 체중과 추위로 클라이머들을 최악의 상황으로 몰고 가는 곳이기도 하다.
나도 이곳에서 손가락 동상을 입었다. (하산 때 촬영)

럼 눈이 쏟아진다. 흰 커튼에 줄줄이 매달린 헤드랜턴 빛줄기가 아주 조금씩 움직인다. 불빛이 닿지 않는 높은 곳은 하얀 하늘인지 캄캄한 하늘인지 아예 보이지 않는다. 병목 현상은 퍼스트 스텝보다 덜 하지만 무지막지하게 쏟아지는 눈가루가 손발을 묶는다. 한 발 올라 멈추고, 한 손 뻗고 멈춘다. 눈가루가 돌 틈의 홀드를 잡는 빨간 벙어리장갑에 수북이 쌓인다. 한 손 한 발 오르다가 한동안 멈추고 또 그렇게 하기를 반복한다. 힘이 드는지 안 드는지조차 모르겠다. 감각이 마비된 것 같다. 고글에 쏟아지는 눈가루가 시야를 가린다. 고개를 돌려도 마찬가지다. 눈 폭탄에 속수무책으로 당한다. 바로 코앞의 벽에 바싹 얼굴을 붙여 보지만 눈을 피할 수 없다.

스노우 피켓에 묶은 로프 매듭이 나타난다. 벙어리장갑을 벗어야 한다. 벙어리장갑은 너무 크고 두터워 주마와 카라비너를 다룰 수 없다. 얇은 속장갑만 낀 채 로프에 걸린 주마를 풀고 매듭을 건너 다시 로프에 거는 간단한 작업이지만 손이 얼어 쉽게 되지 않는다. 평소라면 몇 초면 된다. 손가락이 시리고 뻣뻣하다. 굽혀지지 않는다. 한 방 먹었다. 손가락 감각이 무뎌진다. 정신마저 흐릿하다. 자포자기의 심정으로 손가락에 대해서는 신경을 끈다. 돌에 쌓인 눈이 제 무게를 이기지 못하고 쉴 새 없이 떨어진다. 피하려고 해봤자 매번 눈이 더 빠르다. 고스란히 맞기로 한다. 높이 40m 암벽이 400m처럼 높고 길게 느껴진다.

이번에는 매듭이 아니라 사다리다. 에베레스트 북동릉 등반 중 가장 어렵기로 이름이 나 있는 바로 그 사다리 계단이다. 암벽의 높이가 4~5m쯤 되는데 그만한 길이의 알루미늄 사다리가 걸려 있다. 40~50m나 돼 보인다. 고개를 들 수 없을 정도로 쏟아지는 눈가루를 맞으면서 또 순서를 기다린다.

알루미늄 사다리에는 눈이 얼어붙어 있다. 크램폰도 미끄러진다. 벙어리장갑이 얼음으로 두꺼워진 계단을 제대로 움켜잡지 못한다. 머리 위쪽 등반자의 크램폰이 한 계단씩 올라가기를 기다렸다가 그렇게 한 계단 오른다. 내 다음 사람도 마찬가지다. 모두 고개를 푹 숙인 채 묵묵히 기다린다. 모두가 등반 머신이 된 것 같다. 그래도 벙어리장갑을 벗지 않고 둔하게라도 사다리 계단을 잡을 수 있어 다행이다.

마지막 관문인 서드 스텝[8,710m]이다. 퍼스트, 세컨드 스텝에 비해서 설벽과 암벽의 길이가 짧고 폭이 넓다. 경사가 완만하여 정체가 덜하다. 스텝 끝에 올라서자 새벽이 오는지 시야가 조금 트인다. 흐릿하지만 사물이 식별된다. 왼쪽의 빙탑이 환영 인사를 건네는 것 같다. 빙탑 앞에 앉아 쉬고 있는 한 사람이 나를 빤히 쳐다본다. 산소 마스크를 쓰지 않았다. 지쳐 보이지도 않는다. 쉬고 있는 자세도 편안해 보인다. 대단한 사람이다.

피라미드 설사면

서드 스텝은 피라미드 설사면[약 45도]으로 이어진다. 먹구름 너머로 새벽이 열린다. 정상은 구름에 걸러진, 섬세하고 수줍은 빛으로 감싸여 있다. 엎드려 누우면 이마에 닿을 정도로 정상에 가깝다.

'아, 해냈구나!'

감격이 북받친다. 그렇게 극성을 부리던 눈도 거짓말처럼 사라졌다. 정상까지 150m 남짓 남았다. 몇몇 등반자들이 무릎을 꿇은 자세로 엎드린 채 꿈틀꿈틀한다. 등에는 밤새 쌓인 눈이 덮여 있다. 어깨를 들먹인다. 배낭도 따라 흔들

에베레스트 정상의 지은이.
산소량이 33%인 정상에서 산소 마스크가 벗겨져
혼절했다가 깨어난 다음 찍은 사진이다.
빨간 산소 마스크는 타케가 자신의 것을 벗어
씌워 준 것이다.

린다. 내 뒤쪽에서도 눈밭에 머리를 묻고 어깨를 들썩인다. 울고 있는 것이다. 울어라. 참는다고 참아질 감격인가. 어깨가 빠지도록 울어라. 이곳부터 정상까지는, 가지 못할 이유를 찾을 수 없다.

움직이는 정상, 꽉 막힌 정상의 문

피라미드 설사면 끝에 오른다. 경사가 완만하게 바뀐다. 오른쪽으로 방향을 틀어 왼쪽 빙벽을 끼고 돈다. 빙벽인 줄 알았는데 암벽이다. 지구상에서 가장 높은 곳의 바위다. 옅은 회색 바위 아래에 잔돌 몇 조각이 눈에 띈다.

정상이 몇 걸음 앞이다. 마주한 사람의 얼굴을 보듯 정상의 모든 것을 읽을 수 있다. 움직이는 정상이다. 사람들로 이루어진 정상이다. 한 사람 한 사람 모두 정상이다. 알록달록한 등산복 차림에 산소 마스크로 얼굴을 가린 등정자들로 가득하다.

"정상이다!"

이렇게 소리치며 가슴이 터지도록 감격하면서 올라야 하는데. 우두커니 멈춰 서고 만다. 뒤에서 가해지는 힘에 밀려서라도 들어가야 하는데, 들어갈 수가 없다. 10명이면 빠듯할 공간에 30여 명이 꽉 차 있다. 저 속으로 들어가야 하지만 엄두가 나지 않는다. 어떻게 해야 하나 고민에 빠졌을 때, 누군가 내 손목을 덥석 잡는다. 타케다. 타케에 이끌려 나도 정상의 일부분이 된다.

감격은 순간, 숨이 멎는다

얼떨결에 정상에 섰다. 세계 최고봉에 섰다. 하늘이 땅을, 땅이 하늘을 가장 먼

하산 중 정상 아래에서 타케와 함께.
남동릉 쪽의 청명한 날씨가 북동릉의 안개를
밀어 내어 정상을 선명히 보여 준다.

저 만나는 곳이다. 그리고 그 사이에 내가 있다. 하늘과 땅과 내가 하나다.

사진부터 한 컷 찍는다. 먹구름 사이로 수천, 수만 갈래의 햇살이 쏟아져 내린다. 뺨으로 온기를 느낀다. '정상이다!' 하고 소리치고 싶지만, 아수라장 같은 상황에서 마음대로 몸을 가누기조차 힘들다. 밀려 들어오고 밀려 나가는 사이에서 간신히 증명사진 찍는 와중에 내 노란색 산소 마스크의 한쪽 고리 끈이 끊겨 바닥으로 떨어진다. 잡을 수도 주울 수도 없는 찰나에 크램폰 발길에 짓밟혀 뭉개진다. 숨이 막힌다. 정신을 놓쳐선 안 된다고 생각하지만 마음뿐이다. 가슴이 답답해 오고, 목이 조인다. '이렇게 죽는구나' 하고 느낀다. 슬프지도, 아프지도, 두렵지도 않다. 웃고 싶은데, 웃음이 나오지 않는다. 보이는 것도 들리는 것도 없다. 이승인지 저승인지 모르겠다. 나는 죽었다.

가슴이 시원하다. 머리도 맑다. 눈을 뜨고 고개를 든다. 햇살이 눈부시다. 누군가 나를 내려다본다. 타케다. 타케가 나를 보며 웃는다. 타케의 얼굴엔 산소 마스크가 없다. 타케가 자신의 산소 마스크를 내게 씌어 준 것이다.

'너구나 타케.'

눈으로 묻는다.

'타케, 너는?'

타케는 '괜찮다'는 눈길을 보내며 자신의 배낭에서 새 산소통을 꺼내 교체해 준다. 고맙게도 타케는 인공 산소 없이도 잘 버틴다. 내 마음은 가시밭이다. 네 안전이 내 안전인데…. 내 시선은 타케의 일거수일투족을 좇는다.

'아 유 오케이^{Are you okay}?'

타케의 손이 내 등을 토닥이며 말한다.

'아임 오케이I am okay.'

집으로

하산을 하며 비로소 등정을 실감한다. 뒤돌아서서 다시 정상을 바라본다. 하늘은 푸르고 땅은 하얗다. 그 하늘과 땅을 다 가진 기분이다. 눈물이 난다. 참으려 해도 자꾸 눈물이 난다. 하늘과 땅을 가르며, 다시 내가 살아가야 할 곳으로 향한다.

2007. 03. 08~05. 30

Vinson
4,892m

빈슨

'하얀 어둠' 속의
얼음 산

남극 대륙은 '자유의 땅'이다. 제7대륙이라고 불리는 이곳은, 국가라는 굴레로부터 자유롭다. 인류 역사가 시작된 이래 어떤 절대왕권, 초강대국도 남극 대륙에서만큼은 영토 주권을 행사하지 못했다. 그럴 수밖에 없는 것이, 이곳의 추위는 오랫동안 인간에게 신체적 자유를 허용하지 않았다. 남극 대륙에서는 바이러스도 살 수 없다. 하물며 인간이 농사를 짓고, 물고기를 잡고, 하늘이 맺어 준 짝을 만나, 잘 먹고 잘 살기란 불가능한 일이다.

남극 대륙은 주인 없는 땅이다. 그래서 자유롭다. 하지만 그 자유는 역설적이다. 누구나 주인이 될 수 있다는 의미이기 때문이다. 실제로 그렇다. 지금 남극 대륙에는 29개국이 과학 연구 기지를 두고 있다.

남극 대륙에서 벌어지는 과학 연구 경쟁은 '평화적 전쟁'이다. 이 모순 어법은 남극 대륙이 인류의 마지막 보물 창고라는 사실에서 기인한다. 남극 대륙이

품고 있는 석유와 가스를 비롯한 지하자원의 양은 인류가 100년 동안 사용 가능한 것으로 추정된다. 그렇다고 해서 연구 자체의 순수성까지 의심할 필요는 없다. 기후 위기 대응이나 첨단 소재 개발 등 다양한 분야에서 남극에서만 수행 가능한 연구 영역이 있다. 향후 영유권이나 개발권을 위한 명분 쌓기에 불과한 형식적 연구라고 폄하하는 것도 피상적이다. 연구 수준과 실적, 연구 전반에 관한 기여도는 언젠가 이루어질 개발권 경쟁에서 어드밴티지로 작용할 것이기 때문에 시늉만 하지는 않는다. 하지만 연구 수준이 아무리 높고 학문적으로 순수하다 해도 결국은 연구 주체인 개별 국가의 이익에 종속될 수밖에 없다는 한계는 분명하다.

'빈슨'은 어떤 산인가?

남극 대륙은 얼음 땅이다. 그래도 대륙인 만큼 산맥도 있고 산도 있다. 다만 땅의 피부가 두꺼운 얼음층을 이루고 있을 뿐이다. 그 얼음의 두께는 평균 2,160m로 지구상 담수의 약 90%에 해당한다.

남극 대륙의 최고봉은 '빈슨 매시프$^{\text{Vinson Massif, 4,892m}}$'라고 통칭돼 왔다. 남극점에서 서북쪽으로 1,200km가량 떨어진 엘스워스^{Ellsworth}산맥에서 가장 높은 산군山群이다. '빈슨 매시프'는 하나의 봉우리를 지칭하지 않는다. 매시프^{Massif}는 '산의 무리'라는 뜻으로, 군집한 산봉우리 전체를 가리킨다. 빈슨 매시프에는 최고봉인 빈슨 외에도 클린츠$^{\text{Clinch, 4,841m}}$, 실버스타인$^{\text{Silverstein, 4,790m}}$, 서브라임$^{\text{Sublime, 4,865m}}$ 등 4,500m가 넘는 봉우리만 10여 개가 있다. 근래에 들어서 호칭의 애매함이 정리됐다. 빈슨 산군^{매시프}과 빈슨^{최고봉}을 구분하여, 남극 대륙의 최고봉만을 가리킬 때는 '빈슨'이라 칭한다. 이 산행기에서도 빈슨이라 한다.

빈슨 등반 시즌은 11월~1월까지 3개월 정도인데, 이 기간 동안 베이스캠프의 평균 기온은 섭씨 영하 30도다. 눈은 많이 오지 않는다. 남극 대륙의 연간 평균 강수량은 50~70mm에 불과하다. 약 200만 년 동안 강수가 없었던 지역^{드라이밸리}도 존재한다. 남극 대륙을 '하얀 사막'으로 부르는 이유다.

개인이 빈슨을 등반하려면 ANI^{Adventure Network International}라는 회사를 통해야 한다. 개인의 남극 여행이나 탐험, 등반 프로그램을 독점으로 진행하는 이 회사는 빈슨 등반 기점인 패트리어트힐^{Patriot Hills, 800m}에 수용 인원 50명 규모의 리조트형 텐트촌을 만들어 놓았다. 이곳에 숙박 시설, 식당, 화장실, 세탁실, 샤워실, 진료소, 스키 비행장 등 편의 시설을 갖춰 놓고 고객의 욕구를 쥐락펴락한다. 남극 대륙 안에서의 원거리 교통수단은 바퀴 대신 스키가 달린 소형 비행기가 유일하다. 베이스캠프에서 패트리어트힐까지는 비행기로 1시간 정도 걸린다.

빈슨 등반은 평균 7일이 소요되는데, 날씨에 따라 늘었다 줄었다 한다. 비행기 출발지와 도착지 날씨가 동시에 좋다면 3박 4일이나, 4박 5일에 등반을 끝낼 수도 있다. 출발지와 도착지 가운데 어느 한쪽이라도 날씨가 안 좋으면 양쪽 모두 좋아질 때까지 무한정 기다려야 한다. 등반 인원은 매년 50~100명으로 제한된다. 등정은 날씨에 좌우된다. 날씨가 갑자기 나빠질 경우 혹한과 세찬 바람, 화이트아웃이 등반자를 죽음으로 몰고 가는 일이 가끔 발생한다. 그래도 빈슨 등정 성공률은 상당히 높은 편이다. 100명이 등산하면 95명이 등정한다. 대부분은 자신이 100명 중 5명 쪽에 들 것이라는 생각은 하지 않는다.

빈슨은 쉬운 산인가?

베이스캠프에서는 누구든 빈슨 등정을 기정사실로 여긴다. 그러다 보니 빈슨 등정을 위해 모인 원정대원들조차도 등반 얘기보다는 땅 얘기를 화제의 중심으로 삼는다. 마치 국제 정치 전문가나 미래학자라도 된 것처럼. 그러나 빈슨은 그렇게 얕잡아 볼 산이 아니다. 자유의 산은 날씨에서도 자유롭다. 지구상에서 가장 추운 대륙의 꼭짓점이다. 얼마나 추운지는 아무도 모른다. 바람도 그렇다. 가장 세찬 곳이지만 최대 풍속이 얼마인지 모른다. 빈슨 자신만 알 뿐이다. 95% 라는 꽤 높은 등정 성공률은 기상 조건이 좋을 때만 올랐기 때문이다. 실패율 5%는 예측을 벗어난 악천후일 때다. 만약 악천후일 때 등정했다면, 기적이라고 말하지 않을 수 없다. 필히 상처라는 후유증을 감당해야 하는 기적이긴 하지만.

빈슨을 등반하려면 4만 달러 정도의 비용이 든다. 하지만 비싸고 싸고는 따질 문제가 못된다. 개인이든 단체든 마음대로 갈 수도, 갔다 하더라도 독자적으로는 아무것도 할 수 없다. 국가를 통한 공적 방문과 친선 방문 이외 개인적으로 유일한 방법은 전문 업체를 통하는 길밖에 없다. 미국 솔트레이크에 본사를 두고 있는 ANI이라는 탐험 전문 회사가 대행을 독점한다. 좋든 싫든 선택의 여지가 없다. 모든 것을 ANI에 의존할 수밖에 없다. 등반에 앞서 ANI가 보내 온 안내서를 참고하여 남극 대륙에 관한 정보를 일별한다.

남극 대륙의 현재, 그리고 그곳으로 가는 길

남극 대륙은 북미 대륙보다 작고 오세아니아 대륙보다 크다. 한반도의 약 60배다. 영유권은 어느 나라에게든 불허된다. 동식물의 반입은 일체 금지다. 어떤 오물도 남길 수 없다. 각국 연구 기지의 과학자, 기술자 등 상주 인원은 백야인 하계 6개월 동안 일하고, 극야인 동계 6개월은 휴무에 들어간다. 동계 때는 소수 인원만 남고 거의 귀국한다. 기지마다 하계 상주 인원은 100명 안팎이지만 미국의 경우는 매머드급이다. 프랑스 땅 크기에 깊이가 수백 미터인 로스빙붕 Ross Ice Shelf을 끼고 자리 잡은 세계 최대 규모의 맥머도McMurdo 기지는 편의점, 커피점, 우체국, 모텔, 비행장 등이 갖춰져 있어 현대적 소도시를 방불케 한다. 맥머도 기지의 상주 인원은 하계에 1,000명이 넘고 동계에도 200명에 가깝다고 한다. 이들은 미국을 위해 미래의 땅을 지키는 파수꾼이다. 구태여 그 의도를 숨기려 하지도 않는다. 미국의 패권이 남극 대륙에서도 굳건히 작동한다는 사실은 로스빙붕의 특성이 증명한다. 5~50m 높이로 바다에 떠 있는 로스빙붕은 금이 가 있는 상태이기 때문에 언젠가는 대륙에서 떨어져 나가고 온난화로 녹게 된다. 당연히 해저 탐사와 자원 채굴이 쉬워진다.

남극 대륙의 내륙으로 들어가는 데는 바닷길을 경유하는 것보다는 하늘길을 주로 이용한다. 항공편은 오세아니아 대륙의 호주와 뉴질랜드, 남미 대륙의 칠레와 아르헨티나, 아프리카 대륙의 남아프리카공화국 등 지리적으로 남극 대륙과 가까운 국가의 공군 수송기가 맡는다. 단 국가 간의 협약에 의한 공적 방문일 경우에만 가능하다. ANI를 통한 관광, 탐험 등 사적인 방문은 남극과 가장 가까운 거리의 남미 최남단 소도시인 칠레의 푼타아레나스에서 출발한다. 푼타아레나스는 피츠로이Fitz Roy, 토레스 델 파이네Torres del Paine 등 멋쟁이 거벽, 만년설과 빙하, 크고 작은 호수가 파노라마로 펼쳐지는 파타고니아로 들어가는 길목이기도 하다.

할아버지, 만세!

빈슨 등반을 위해 집을 떠나기 전 아이들이 집으로 왔다. 마침 연말이고 멀리 산에 가는 나를 응원할 겸 모두 모인 것이다. 큰딸이 하얀 손수건에 매직펜으로 세 살짜리 첫 아기를 그려 놓고 이런 문구를 즉석에서 써 페넌트를 만들어 준다.

"Antarctica Summit 2008"

Hooray!!

GRANDPA

You did it!!

We Love you

산행 중 내 텐트 앞에 이 페넌트를 문패처럼 걸고 또 정상에서 펴들고, 지금 세 살인 손자가 훗날 제 자식에게 보여 줄 사진을 찍을 생각이다.

발가락에 행운을 빈다

푼타아레나스는 칠레의 남쪽 끝 마젤란 해협에 있는 작은 도시다. 마젤란은 스페인에서 출항한 지 1년 만인 1520년 11월 대서양과 태평양을 잇는 바닷길을 통과했다. 훗날 이 해협은 마젤란으로 명명됐다. 푼타아레나스는 1941년 파나마운하가 개통되기까지 상당히 흥청거리는 도시였다. 파나마운하의 개통과 함께 한순간에 한적한 포구가 된 푼타아레나스는 남극 대륙이 주목을 받으면서 다시 활기를 띠기 시작했다. 칠레 정부는 2003년에 남극 연구소를 산티아고에

남미 최남단 마젤란 해협의 도시 푼타아레나스의 무뇨스 가메로 광장에는 마젤란 동상이 서 있다.
하지만 이 동상을 찾는 사람들에게 마젤란은 안중에 없다. 사람들의 애정을 독차지 하는 건 동상 아래의
원주민(아라카르프족)이다. 이 원주민 동상의 발을 만지면 행운이 찾아온다는 이야기가 전해 오기 때문이다.
나도 발을 만지며 '무사 등정'을 빌었다.

서 푼타아레나스로 옮겼다. 선원들로 북적거리던 도시에서 과학자와 기술자, 관광객들이 붐비는 곳으로 변모한 것이다.

푼타아레나스는 마젤란과 뗄 수 없는 관계다. 이 도시의 중심부에 있는 무뇨스 가메로 광장에는 마젤란 동상이 서 있다. 메가폰을 들고 함대를 지휘하는 정복자의 모습이다. 동상을 떠받친 조형물 전면에는 인어상, 측면 양쪽에는 원주민상이 놓여 있다. 본디 이곳의 주인이었던 아라카르프족과 우엘체족이라고 한다. 거인이었던 이들은 근육질의 몸매가 무색하게도 체념한 듯 주저앉은 모습이다. 표정에서 느껴지는 비장한 슬픔이 심해처럼 깊어 보인다. 마젤란을 기념하는 방식을 꼭 그렇게 정복자의 당당함과 피정복자의 무력함으로 대비시켜야만 했을까?

마젤란 동상은 1920년 마젤란 해협 발견 400년을 기념하여 이곳의 부호였던 호세 메넨데스 가문에서 세운 것이다. 스페인 출신의 호세 메넨데스는 이곳에서 양 목장을 경영하여 양모 산업으로 막대한 부를 축적했다. 이러한 사실을 알고 보면 마젤란 동상의 메시지가 읽힌다. 정복자 마젤란과 성공한 유럽 이민자의 시선으로 만들어진 동상이라는 얘기다. 그들은 자신들을 정복자나 지배자가 아니라 구원자로 여겼고, 그렇게 보이기를 바랐던 것 같다. 아마도 그들의 뜻은 지금까지도 관철되는 듯하다.

칠레는 오랫동안 스페인의 식민 통치를 받았지만 스페인에 대한 칠레 사람들의 감정은 한국인들이 일본을 바라보는 것과 다르다. 지금도 칠레 국민들은 스페인어를 사용한다. 피노체트 독재 정권 때부터 생긴 반미 감정이 스페인에 대한 저항감을 누그러지게 한 측면도 있을 것이다. 그래도 그렇지, 마젤란 동상의 이미지는 불편하다.

마젤란 동상에 대한 현지인들의 감정은 세워질 때부터 불편했던 것으로 보인다. 그 저항감은 매우 유쾌한 방식으로 표출됐다. 마젤란 동상 아래 측면의 원주민상^{아라카르프족}은 분노와 우수가 묘하게 섞인 표정으로 무릎 위에 활을 내려놓고 오른쪽 다리를 아래로 늘어뜨리고 있다. 그런데 이 원주민상의 발을 만지면, 무사히 항해를 마친다—행운이 찾아온다—는 이야기가 전해 온다. 내 생각에 이 이야기를 처음 만든 사람은 동상에 대한 저항감과 원주민에 대한 연민을, 누구에게도 무해하면서도 유머러스한 스토리로 표출한 것이다. 만약 의도가 그랬다면 제대로 한 방 먹인 셈이다.

푼타아레나스의 대표적 관광 명소인 무뇨스 가메로 광장의 진정한 스타는 마젤란이 아니라 원주민이다. 마젤란은 안중에도 없고 원주민의 발을 만지기 위해 관광객들은 줄을 선다. 동상을 쓰러뜨리지 않고도 제국주의에 대한 반대 의사를 표현하는 데 성공한 것이다. 이것도 윈윈이라 할 수 있을까. 그렇다 치자. 어떤 역사에도 페이지마다 승자의 일기장이 끼어 들어 있는 법이니까.

나도 줄을 서서 기다렸다가 발을 만진다. 얼마나 많은 사람들이 만졌는지 반들반들하다. 무슨 행운을 빌까. 만수무강? 살 만큼 살았다. 일확천금? 너무 무겁다. 내 주먹만 한 엄지발가락을 쓰다듬으며 소원을 빈다.

'빈슨 등정!'

"미안, 내가 한 팀이어서"

남극에는 국가 소속의 과학 기지만 상주 인력을 두고 활동하는 것이 아니다. 민간 기업인 ANI의 영업 활동도 자국의 영유권을 공고히 하는 데 한 몫 거든다. 과거 한국이 남극 조약의 당사국 지위를 얻으려다 반려된 적이 있는데, 그 이유 가운데 하나가 남극 탐험 이력이 없다는 것이었다. 1985년 한국해양소년단에서 탐험대를 조직하여 킹조지섬 인근 해역을 탐사하고, 빈슨 등정^{세계에서 여섯 번째}을 한 데는 그런 사정이 있었다. 1986년 한국은 서른세 번째로 남극 조약 가입국 명단에 올랐다. 이런 사실을 고려해 보면 ANI가 단순히 돈벌이만 하는 기업이 아니라는 것을 알 수 있다. 미국은 강할 뿐 아니라 영악하다.

오지 탐험을 좋아하는 마니아들에게 남극은 도전할 만한 대상이 아닐 수 없다. 이들은 바닷가에서 펭귄을 보며 한가하게 즐기는 크루즈 여행보다는 혹한과 강풍 속에 푹 빠지고 싶어 한다. ANI의 상품은 촬영, 등반, 스키, 트레킹 등 관광과 탐험이 주종이지만 고객의 주문에 따라 사스트루기^{Sastrugi: 바람에 의해 물결무늬가} 이루어진 빙원를 트레킹하는 특별한 탐험도 주선한다.

나를 포함한 ANI의 이번 고객은 모두 50명이다. 호텔에서 전원이 모여 남극에서는 머리카락 하나 버릴 수 없다는 등 행동 수칙과 안전 교육을 받았다. 이들 가운데 등반팀은 남성 6명, 여성 2명 등 8명인데 3조로 나뉘었다. 각 조마다 가이드가 한 명씩 현지에서 가담하여 등반을 이끈다. 1조는 나와 리차드^{영국}, 찰리^{캐나다} 이렇게 3명이다. 2조는 2명의 여성^{미국}인데 7대륙 최고봉 등정 중이다. 3조는 3명^{한국}으로 편성됐다.

1조인 우리 팀 멤버 리차드는 영국인이지만 직장이 있는 빈에 거주한다. 과학 기술자인데 오스트리아 지역 알프스 구조대원으로 연중 일정 기간 자원봉사를 한다. 히말라야의 시샤팡마^{8,013m}를 무산소로 등정한 베테랑급 산악인이다.

찰리는 캐나다 로키산맥의 산악 도시인 캘거리에서 자동차 판매업을 하는 사업가인데 이번 등반이 7대륙 최고봉 중 마지막이다. 길게 생각할 것도 없이 팀원 가운데 내가 가장 약하다. 어차피 알게 되겠지만 미리 양해를 구한다.

"미안하다. 내가 한 팀이 돼서. 느리고, 자주 쉰다. 잘 부탁한다."

주인 없는 땅인데 출입국 수속을?

내일은 비행기가 뜰까? 내일 가 봐야 안다. 내일 또 내일 그렇게 3일을 기다렸다. 날씨가 항공기의 이륙을 결정한다. 이곳의 날씨는 좋은데 도착지 패트리어트힐의 날씨가 계속 나쁘다. 출발이 결정되면 30분 이내로 비행장에 도착해야 한다.

주인 없는 대륙으로 가는데 출입국 수속을 밟는다. 칠레가 절차를 대행하는 줄 알았는데, 그게 아니다. 칠레 정부는 남극이 자국의 영토라고 일방적으로 주장하면서 자국의 규정에 따라 출입국 수속을 관리한다. 칠레는 남극 대륙에 자국의 군대를 파견해 놓았다.

드디어 푸타아레나스와 패트리어트힐의 날씨가 동시에 좋아져서 출발이 결정됐다. 오후 3시 정각, 러시아제 수송기 일류신이 묵직하게 남미 대륙의 끝자락을 밀어 낸다. 수송기는 창문조차 없다. 조종석에만 앞 유리가 있다. 비행기 내부 중앙은 온갖 짐으로 가득 찼다. 기름류 같은 무거운 짐이 아래에 깔려 있고 그 위 널찍한 공간은 남극에서 육지로 실어 올 오물과 배설물통을 놓을 자리다. 식량, 음료수 등 음식류와 승객의 카고백은 바닥에 실린 짐 위에 올려져 있다. 기내의 양쪽 벽에 승객이 앉는 나무 좌석이 있지만 짐이나 승객이나 비슷한 처지다. 승무원에게 비행기가 나를 수 있는 총 무게를 물었다. 수없이 대답해 본 듯 즉답을 내놓는다. 17,000kg.

승자보다는 패자에게 기우는 마음

남극 대륙이 인류의 활동 영역에 들어온 때는 18세기 후반부터다. 영국인 제임 스[1728-1779]가 1773년 1월 17일 유럽인으로서는 최초로 남극권에 진입했다. 이후 남극해에서 물개와 고래잡이가 시작됐다. 1895년 노르웨이의 크리스텐센이 최초로 남극 대륙에 발을 디뎠고, 1909년 영국의 섀클턴이 남위 88도 23분에 도달했다. 이어서 벌어진 아문센과 스콧의 남극점 도달 경쟁에 대해서는 모르는 사람이 없을 것이다. 노르웨이의 탐험가 로알 아문센[1872-1928]은 긴 항해 끝에 남극 대륙[현 미국의 맥머도 기지]에 도착했다. 북극 항해의 경험을 살려 개썰매를 이용해 1911년 12월 19일 인류 최초로 남극점에 도달했다. 같은 시기에 영국 해군 소속이었던 로버트 팰컨 스콧[1868-1912]도 말을 이용해 남극점을 향하고 있었다. 스콧은 1912년 1월 18일 남극점에 도달했다. 스콧은 자신이 최초인 줄 알았다. 하지만 최초의 희열은 곧 절망으로 바뀌었다. 이미 아문센이 다녀간 흔적이 있었던 것이다. 스콧의 불행은 여기서 끝나지 않았다. 돌아오는 길에 악천후로 조난하여 목숨을 잃는다.

　나와 같은 조의 팀원 리차드는 비행기에서 아문센과 스콧의 경쟁 스토리를 스릴러에 신파를 버무려 이야기한다. 리차드가 스콧과 같은 영국인이기 때문일까. 스콧의 비극에 이야기의 무게중심을 두는 것 같다. 인지상정이라 해야 할까. 나 또한 승자 아문센보다는 패자 스콧에게 마음이 기운다. 이들의 성취와 죽음의 저변에는 영국과 노르웨이의 국력과 명예를 건 경쟁이 자리하고 있었다. 개인 간의 경쟁만은 아니었던 것이다.

문명의 이기로 가득한 캠프

출발 4시간 30분만인 오후 7시 30분, 수송기는 육중한 몸을 얼음 바닥 활주로에 내려놓는다. 신통하게도 미끄러지지 않는다. 트랩을 내리면서 보이는 하늘과 땅은 경계가 없다. 온통 푸르고 하얗다. 남극의 첫 인상이다. 하늘과 땅의 경계, 지평선은 보이지 않는다. 하늘이 땅 같고, 땅이 하늘 같다.

트랩에서 내려 첫 발을 디딘 활주로는 섬뜩할 정도로 짙푸른 청빙이다. 패트리어트힐Patriot Hill, 800m까지는 30분쯤 걸어야 한다. 크램폰이 강철같이 딴딴한 얼음 바닥을 이기지 못해 미끄러진다. 드문드문 눈 덮인 곳을 찾아 걷는다.

ANI는 패트리어트힐에 돔형 천막으로 캠프촌을 만들어 놨다. 이미 말했듯이 50인용 넓이의 식당을 비롯하여 숙박용 텐트, 진료소, 화장실, 모터 발전소, 창고 등 사람이 살아가는 데 있어야 할 건 다 있다. 과연 이곳이 무시로 블리자드눈보라와 달리 쌓였던 눈이 강한 바람에 흩날리는 현상가 불어오는 남극 대륙의 설원인지 의심이 들 정도다. 개인용 텐트는 10인용인 듯하다. 두 겹으로 된 특수 보온 텐트 한 동에 두 명이 쓴다. 짐을 다 풀었는데도 공간이 남는다. 두꺼운 매트리스가 깔려 있고 베개도 있다. 슬리핑백영하 50도용을 펴 놓고 식당으로 간다. 1분 거리도 안 되는데 손이 시리다. 식당 안은 열대 같다. 티셔츠 차림도 눈에 띈다. 저녁 메뉴는 소고기 죽, 삶은 감자, 주스 등인데 무제한 먹을 수 있다. 모든 것을 육지에서 가져오고, 오물은 육지로 보낸다. 문명의 관성은 무척 고집이 세다.

백야의 패트리어트힐 캠프. 광활한 설원에 블리자드가 일 때면 지구가 아닌 다른 별에 온 것 같은 신비감에 빠진다.

지루함 달래기용 세미나

내일 베이스캠프로 떠날 예정이다. 비행기로 1시간 거리다. 걸으면 3주 가량 걸린다고 한다. 이곳의 교통수단은 스키 달린 경비행기가 유일한데, 제 구실을 하고 못하고는 날씨에 달려 있다. 이곳에서도 출발지와 도착지의 날씨가 동시에 좋아야 한다. 따라서 고객은 곰 같은 인내심과 여우 같은 민첩성을 함께 갖추어야 한다. 무한정 기다리다가 비행기가 뜬다는 소식이 오면 10분 이내에 탑승을 마쳐야 한다.

식당에서 세미나가 자주 열린다. 말은 그럴싸하게 세미나라고 하지만 사실은 날씨 때문에 기다려야 하는 손님들의 지루함을 달래 주기 위한 서비스다. 아문센과 스콧의 경쟁 스토리는 기본이고, '남극과 세계' 같은 몇몇 주제는 흥미롭다. 남극의 얼음 두께는 평균 2km가 넘는데 지구 온난화로 인해 녹게 되면 지구 전체의 해수면이 60m 높아지게 된다. 이 끔찍한 예측대로라면 한국의 서울이나 일본의 도쿄는 바닷물에 잠기고 뉴욕, 샌프란시스코, 리우데자네이루, 시드니 같은 해안 도시는 수중 도시로 바뀐다. 베니스는 아예 사라진다.

펭귄과 흰곰에 관한 얘기도 재미있다. 북미의 흑곰이 북극권으로 들어가 환경에 적응하여 흰곰이 되었고 치아도 둔하게 바뀌었는데, 온난화로 인해 알래스카 남쪽으로 회귀하지만 불곰과 흑곰의 핍박에 혹독하게 시달리고 있다는 것이다. 흰곰이 자연 환경에 맞추어 다시 옛 상태로 돌아가고 있다지만 어느 세월에 본래의 모습을 되찾게 될까. 펭귄의 운명도 위태롭다. 다른 대륙에서 남극으로 날아와 혹한에 적응해 살다 보니 날개가 필요 없어 퇴화됐다. 온난화로 다른 대륙으로 날아가야 하는데 이미 날개를 잃어버렸다. 설사 다른 곳을 찾는다 해도 춤지 않아서 살 수 없다. 펭귄의 귀여운 모습과 대비되어 더 슬프게 들리는 스토리다.

극지 비행사의 삶

식당에서 점심을 먹는데 옆자리의 젊은 여성^{캐나다인}이 밝은 목소리로 인사한다. 빈슨 베이스캠프행 비행기 파일럿이라고 한다. 남극의 비행사. 식욕만큼이나 내 호기심을 자극한다. 밥을 먹으면서 궁금증을 털어놓는다.

"디날리에서 협곡을 비행할 때 기압 차이와 바람으로 무서웠다. 여기는 위험하지 않은가?"

"이곳의 바람이 북극 쪽보다 세다. 하지만 익숙하다. 그런 바람 속을 비행하는 것이 내 직업이다. 안심하셔도 좋다."

"여긴 언제 왔고, 언제까지 일하는가?"

"하계가 오면 시즌이 시작된다. 시즌 피크 때 와서, 3개월^{11월-2월}간 머물고, 시즌이 끝나면 북극권으로 떠난다."

"휴가 없이 일 년 내내 일하나?"

"그렇다. 매년 반복한다. 하지만 조기 은퇴한다. 위기를 일상으로 겪는 스트레스 때문이다. 극지 비행사는 거의 캐나다 사람이다."

그녀는 자신의 애기^{愛機}로 북극과 남극을 오간다. 말 그대로 극한의 삶이다. 그런 삶을 즐기는 모습이 외모보다 아름다워 보인다. 베이스캠프까지 비행은 걱정하지 않아도 될 것 같다.

새해 첫날, 패트리어트힐 캠프의 식당 게시판이
'더 사스트루기 타임즈'라는 익살스러운 이름으로 변신했다.
세계 각국의 인사말이 남극에 대한 세계인의 관심을 반영한다.
한국말이 보이지 않아 내가 적었다.
"새해 복 많이 받으세요."

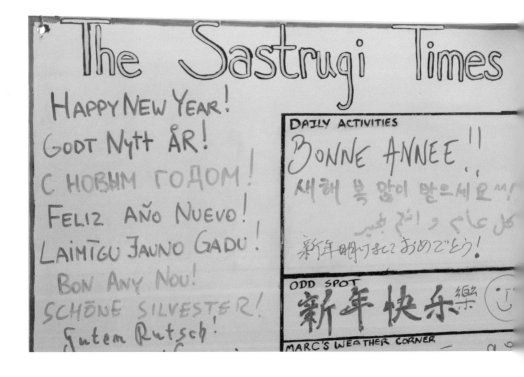

연말 만찬과 댄스 파티

올해 마지막 저녁이다. 킹크랩이 전식, 스테이크가 메인이다. 비싼 원정 비용값을 한다. 후식은 아이스크림이다. 송년 음악이 기분을 들뜨게 한다. 남녀 몇 명이 식탁과 의자를 한쪽 구석으로 밀어 놓고 춤을 춘다. 식당이 연말 댄스 파티장으로 바뀌었다. 나는 춤 솜씨가 그저 그렇다. 배워 둘걸. 구경으로 만족한다. 전화 카드를 사서 집으로 전화를 걸었지만 신호가 가지 않는다. 텐트로 돌아가는데 가벼운 블리자드가 날린다. 아지랑이같이 아스라하게 하늘거린다. 더 구경할 겸 산책 삼아 잠깐 걷는데 몹시 춥다. 5분이 채 안 돼 뺨이 얼얼하다. 스치는 블리자드에 고개를 숙이고 잰걸음으로 텐트로 향한다. 하얗게 밝은 밤이 매섭게 차다.

남극 대륙에 있는 미국의 국립공원(?)

새해 첫 날 아침을 맞는다. '더 사스트루기 타임즈The Sastrugi Times'라고 쓴 식당의 게시판에 세계 여러 나라의 새해 인사말이 빽빽하다. "Bonne Annee!", "Happy New Year!", "Bon Any Nou!" 등 각 나라 글로 새해 인사가 적혀 있다. 우리말도 써 넣는다. "새해 복 많이 받으세요!"

게시판의 사스트루기Sastrugi라는 단어가 재미있다. 러시아어로 '작은 능선'이라는 Zastrugi에서 비롯된 영어다. Sastuga라는 독일말도 사스트루기 못지않게 쓰인다. 극지나 고산 등 추운 곳에서 강풍이 얼음 표면에 물결무늬를 만드는 현상을 말한다. 또 이곳 빙원에서 보이는 울퉁불퉁한 모양의 표면이 보행이나 스키를 지치는 데 장애가 되는데, 그것도 사스트루기다. 혹한의 시베리아 호숫가 같은 곳에서도 볼 수 있다.

최근에 미국은 맥머도 기지와 근접한 로스붕빙의 로스Ross섬에서 남극점까지, 총연장 322km에 이르는 빙원에 사스트루기 국립공원Sastrugi National Park을 조성해 놨다. 공식 명칭은 아니고, 남극 최초의 국립공원이라는 상징성을 선점하여 가상의 영토 확장을 꾀하는 것이다. 지극히 미국적인 방식이다.

사스트루기 트레일은 극한 지역의 자연 풍광을 좋아하는 마니아들에게는 '빙원의 꿈길'로 동경의 대상이라 한다. 이 트레일은 걷는 길이 아니다. 누구나 방한복을 두툼하게 입고 여행할 수 있다. 초대형 특수 타이어가 달린 트렉터 모양의 설상차를 이용하는 설상 버스 트레일이다. 20~30명의 승객을 태울 수 있고, 편도 3일이 걸린다. 미국 캘리포니아주에 있는 존 뮤어 트레일JMT, 약 340km에 버금가는 거리다.

과학 연구 경쟁의 속내

남극 대륙에 대한 영유권 주장은 아문센과 스콧의 경쟁을 전후하여 시작됐다. 영국과 노르웨이, 프랑스는 최초 발견이나 선점을 내세웠고 아르헨티나, 칠레, 호주, 뉴질랜드 등은 지리적으로 가깝다는 점을 내세웠다. 미국은 세계 제2차 대전 이후 남극 탐사에 나서 남극 대륙 해안선의 전모를 밝혔다. 소련도 이 시기에 남극 조사단 활동을 펼쳤다. 당시 동서 냉전 체제의 양대 강국이었던 미국과 소련은 남극 대륙에 대한 영유권을 주장하지도 않았고 인정하지도 않았다. 마침내 1959년 12월 1일, 미국의 요청과 소련의 동의에 의해 미국 워싱턴에서 아르헨티나, 호주, 벨기에, 칠레, 프랑스, 일본, 뉴질랜드, 남아프리카연방, 영국, 소련, 미국 등 12개국이 '남극 조약'에 서명했다. 주된 내용은 남극의 평화적 이용, 과학 연구 조사, 영유권 주장 금지 등이다.

남극 조약은 누구도 영유권 주장을 하지 못하도록 하고 있지만 실제로는 어느 나라든 자유롭게 이용하게 하자는 것이 핵심이다. 지하에 묻혀 있는 막대한 자원 때문이다. 그래서 여러 나라에서 경쟁적으로 연구 기지를 세우는 것이다. 그것이 향후 개발권과 사실상의 영유권을 행사하는 명분이 될 것이다. 남극 조약은 남극의 자원 개발에 관한 명확한 규정을 하지 않았기 때문에, '환경보호에 관한 남극 조약 의정서'를 채택하여 1998년을 기점으로 50년 동안 남극 대륙에서는 일체의 개발 행위를 금지했다. 영구 금지가 아니라 2048년까지 개발을 유보하기로 한 것이다. 여러 나라에서 경쟁적으로 연구 기지를 세우는 실질적인 이유다.

지구 최강, 남극 대륙의 추위와 바람

새해를 빈슨 베이스캠프에서 맞기를 희망했는데 물거품이 됐다. 비행기는 오늘도 뜨지 못한다. 텐트는 춥고 쉴 데가 없어 세미나가 열리는 식당에서 하루 종일 시간을 때운다.

남극의 날씨에 관한 주제도 흥미롭다. 남극 대륙의 공식적 최저 기온^{지구상}은 1983년 7월 21일 러시아 보스토크 기지에서 관측한 섭씨 영하 89.2도다. 비공식적으로는 일본 동후지 기지에서 영하 93.2도까지 내려간 적이 있다고 한다. 남극의 최저기온이 북극권인 디날리의 최저기온 영하 74도보다 무려 20도가 낮다. 평균기온의 경우도 그렇다. 남극은 영하 55도, 북극은 영하 35도~영하

40도로, 20도 가량 차이가 난다. 똑같은 극점인데 왜 그렇게 차이가 날까? 가장 큰 이유는 복사열이다. 북극은 바다가 태양열을 흡수해 저장하지만, 남극은 얼음이 태양열을 반사한다.

빈슨 정상의 최저 기온은 얼마일까? 내 질문에 세미나 주제 발표자는 이렇게 말한다. 공식 기록은 아니지만 동후지 기지든 보스토크 기지든 빈슨 정상과 고도차를 감안하면 대략 20도 가량 더 떨어질 것이다. 그렇다면 세 자리 수다. 물론 실제로 측정한 근거가 없는 추정치이긴 한데, 섭씨 영하 113도까지 떨어질 수 있을 것이라는 얘기다.

남극에서 부는 바람은 오직 남풍이다. 이 바람 또한 추위와 함께 지구 최강이다. 남극 대륙에 남풍만 부는 까닭은 적도에서 남쪽으로 내려오던 바람이 남극 대륙의 냉기에 꺾여 되밀려 가기 때문이다. 북풍이 따뜻하게 내려올수록 차가운 남풍의 카운터펀치는 더 강해진다. 야구에서 투수가 강속구를 뿌릴수록 타구의 반발력에 세져 홈런이 될 가능성이 높아지는 것과 같은 이치다. 빈슨 등반을 앞두고 가장 염려스러운 것이 바람이다. 세계 최강의 바람이 어떨지 아직 모른다. 영원히 모르게 되기를 바랄 뿐이다.

"바람은 내 댄싱 파트너랍니다"

오후 늦게 바람이 수그러진다는 소식이 들린다. 텐트와 식당을 오가며 시간을 재촉한다. 스키어 8명을 태운 첫 비행기가 오후 10시 30분 극점으로 출발했다. 우리 팀은 오후 11시 30분 비행기에 올랐다.

날씨가 좋았지만, 하늘은 눈으로 보이는 것과는 다른 세상이다. 심한 바람에 경비행기가 만취한 술꾼처럼 비틀거린다. 위로 솟았다가 뚝 떨어지고, 앞으로 고꾸라지면서 뒤집힐 듯하다가 아슬아슬하게 균형을 잡는다. 파리 에어쇼의 곡예 비행이 무색할 정도다. 머리카락이 쭈뼛 서고 정신이 혼미해진다. 아무리 강심장이어도 이런 비행을 스릴로 여기지는 못할 것 같다. 안전벨트를 제대로 맸는지 몇 번이고 확인한다. 벨트를 더 조인다. 디날리 협곡에서 요동치는 경비행기를 탔을 때와는 비교가 되지 않는다. 외치듯 조종사에게 묻는다.

"우리 괜찮은가요?"

구면인 조종사의 대답이 걸작이다.

"바람은 내 댄싱 파트너랍니다."

역시 프로다. 승객을 안심시키기 위해 말은 그렇게 했어도 눈매와 자세는 긴장 상태다. 비행기 그림자가 설원 위에서 춤춘다. 빙설의 산야 위로 얼굴을 내민 땅이 드문드문 보인다. 눈발조차 앉지 못하는 가파른 산이 시야에 들어온다. 몇 백 미터쯤으로 보이지만 4,000m가 넘는 고산들이다. 정상 언저리의 얼음 두께가 3,000m를 넘기 때문이다.

제트스키 드라이버 몇 명이 질주하면서 우리가 타고 있는 비행기를 향해 미친 듯이 손을 흔든다. 운석을 전문으로 찾는 과학 기지 소속 산악 전문 스키어들이다. 우리의 댄싱 파일럿은 비행기의 양 날개를 흔들어 응답한다. 하얀 설원의 스키어와 파란 하늘의 파일럿이 나누는 하이파이브. 외로운 사람들끼리의 교감. 인간은 어디서든 어떤 식으로든 온기를 나눈다.

남극 대륙은 운석의 보고라고 한다. 운석이 흰 눈에 쉽게 눈에 띄므로 연구소마다 산악 전문 스키어들을 초청해 운석을 찾는다. 운석을 발견한 스키어는 줍기 전에 먼저 소독된 장갑부터 낀다. 지구 생명체로부터의 오염을 막기 위해 서지만, 우주에서 온 손님에 대한 예의라고 해두자. 우리가 별똥이라는 시적 이름으로 부르기도 하는 운석의 가치는 희귀성과 연구 대상으로서 중요도에 따라 결정된다. 화성이나 달에서 날아온 운석이 가치가 더 높다. 순금의 10배 가격으로 거래되기도 한다지만, 운석의 진정한 가치는 간직하고 있는 우주의 비밀에 있을 것이다.

가이드 크리스, 구면이다

00시 30분, 베이스캠프[2,150m]에 비행기가 안착한다. 우리의 댄싱 파일럿이 보여준 마무리 동작은 매우 우아했다. 바람도 잠자는 시간인 줄 아는 모양이다. 아주 고요하다. 기온은 영하 21도인데 예상보다 춥지 않다. 짐을 정리하고 나니 새벽 2시다. 검은 안대로 눈을 가리고 슬리핑백에 들어간다. 이리저리 뒤척이다가 안대를 벗고 본 시간은 아침 4시. 잠이 안 온다. 잔 둥 만 둥 8시에 일어난다. BC의 아침이 고즈넉하다. 텐트 앞쪽은 넓은 평원이고, 좌우와 뒤쪽 삼면은 은빛 둥근 산으로 둘러싸여 있다.

가이드 크리스와 첫인사를 나눈다. 샌프란시스코에 살고 있는데 이번 등반 시즌에 가이드로 참가했다고 한다. 크리스가 나에게 "오랜만이에요." 하고 인사한다. 오랜만이라면, 나를 안다는 얘기인데…. 기억을 떠올려 보지만 모르겠다. 크리스가 나를 만났던 때를 상기시켜 준다. 지난겨울 요세미티 국립공원의 동쪽 동부 시에라에 있는 인공 빙벽장인 리 바이닝에서 만나 인사를 나눴다는 것이다. 그곳에서 빙벽 등반을 한 건 맞는데 크리스를 만난 기억은 가물가물하다. 어쨌든 반갑다. 크리스는 한국인 팀 담당인데 내가 그 팀에 합류하기를 원한다. 나는 팀 멤버인 리차드와 찰리에게 양해를 구한 다음 기꺼이 응했다.

등반 일정 7박 8일

크리스가 등반 일정을 간략하게 설명한다.

Day 1: 베이스캠프^{2,150m}에서 로우캠프^{2,650m}로

등반 거리: 9km, 등반 고도: 500m, 등반 시간: 4시간

Day 2: 로우캠프에서 하이캠프^{3,715m}로

등반거리: 4.5km, 등반 고도: 1,065m, 등반 시간: 5시간

Day 3: 휴식

Day 4: 하이캠프에서 정상^{4,892m}으로. 정상에서 하이캠프로

왕복 등반 거리: 14km, 등반 고도: 1,177m, 등반 시간: 10~14시간

Day 5: 휴식

Day 6: 하이캠프에서 베이스캠프로

Day 7: 패트리어트힐로 돌아옴

위 일정은 출발지와 도착지의 기상 상태가 함께 양호할 경우를 전제한다. 따라서 총 일정을 넉넉하게 잡아야 마음고생이 덜하다. 먼저 온 일본팀과 중국팀은 첫 번째 숙박지인 로우캠프^{2,650m}로 떠났다. 3명의 가이드를 포함한 11명의 우리 팀과 4명의 이탈리아 군인팀은 내일 아침 출발한다. 이탈리아 육군 산악

구조대로 구성된 이탈리아팀은 패트리어트힐에서 여기까지 13일 동안 걸어서 왔다. 화이트아웃으로 이틀 동안 고투한 것을 빼고는 힘들지 않았다고 어깨를 으쓱하지만 직업이 군인이고 프로라면 당연히 해내야 할 일이다. 알프스의 산악 구조대원으로 눈밭을 직장으로 삼는 전문가들이 아닌가.

달 같은 해를 보며 걷는 얼음 산

간밤에 잠을 설쳤다. 고민거리나 스트레스는 없는데 이상하다. 혹시 비타민 또는 상비약인 고혈압약 때문이 아닐까 생각한다.

아침 11시, 로우캠프로 출발한다. 거리는 9km, 등반 높이는 500m, 약 4시간 걸린다. 경사는 완만하다. 바람은 조용하고 햇살이 강렬하다. 이따금 화이트아웃으로 주춤거린다. 앞쪽의 봉우리 사이에 떠 있는 신비스러울 정도로 큰 달을 보고 감탄한다. "달이 아닌데요." 크리스가 해라고 바로잡는다. 날씨가 푸근해서 상승한 습기가 상공에서 냉각해 프리즘처럼 작용하는, 일종의 무지개 현상이다. 햇무리가 달무리 같다. 길이 60m 로프에 5명이 몸을 묶어 걷기가 불편하다. 크레바스가 보이지 않고 해서 로프를 풀고 각자 편하게 걷는다.

현재 온도는 섭씨 영하 20도인데, 정상은 몇 도일까?

"영하 38도."

크리스가 가르쳐 준다. 이곳은 2,150m, 정상은 4,892m. 그 차이는 3,000m 정도다. 산의 높이가 1,000m씩 오를 때마다 온도가 6도씩 떨어진다고 한다. 높이 167m마다 1도가 차이나는 셈이다. 물론 날씨 상황이 비슷한 조건일 때를 전제한다. 답이 쉽게 나올 만하다. 크리스는 이곳의 기후를 꿰차고 있다.

배낭이 무겁지 않아 다행이다. BC에서 대원들이 운반해야 할 짐이 없기 때문이다. 그동안 다녀간 팀들이 캠프마다 저장해 둔 연료와 식량, 장비 등 공동 물품이 충분히 남아 있어 개인 장비만 챙기면 된다. 햇볕이 따뜻하다. 눈밭의 반사열도 한몫 거든다. 온도계는 섭씨 영하 20도를 가리키지만 몸은 후끈해져서 다운재킷을 벗는다. 그런데 크리스가 옷을 입고 안자일렌^{동반자들이 일정한 간격으로 로}_{프를 연결할 때 묶는 것}을 하라고 한다. 가늘고 길쭉한 크레바스가 곳곳에서 나타난다.

얼어붙은 허공, 북쪽에서 떠서 북쪽으로 지는 해

오후 4시, 로우캠프에 도착한다. 춥지 않다. 머리가 약간 지끈거리고 몸이 무겁다. 비타민과 상비약의 부작용이 아닐까 하는 생각이 또 들지만, 지금까지 여기보다 더 높은 곳에서도 아무 탈이 없었다. 현재 고도 또한 부작용을 유발할 정도는 아니다. 이 정도의 고도에는 충분히 적응돼 있다. 그렇다면 무엇이 문제일까?

남극의 평균 얼음 두께는 2km 조금 더 된다고 하는데, 이곳의 정확한 얼음 두께는 알 수 없다. 로우캠프의 해발 높이 2,650m를 감안하면 이곳의 얼음 두께는 최소한 2,650m 이상일 것이다. 빙상은 엄밀한 의미에서 얼어붙은 허공이라 할 수 있다. 혹시 3,000m에 가까운 허공 생활이 신체 리듬에 문제를 일으키는 건 아닐까. 물론 나의 주관적인 생각이다.

텐트 주변을 어슬렁거리며 한가하게 시간을 보낸다. 오후 9시인데도 한낮 같다. 해는 북쪽 가까이 높이 떠 있다. 해는 서쪽으로 지는 것이 당연하다고 여기며 살아온 나로서는 이상할 수밖에 없다. 크리스에게 해가 뜨고 지는 방향을

베이스캠프에서 로우캠프로 가면서 만난 햇무리. 처음에는 달무리로 착각했다.

물었다. 북쪽에서 뜨고 북쪽으로 진다고 한다. 해는 동쪽에서 뜨고 서쪽으로 진다는 군건한 인식이 가볍게 무너진다. 우리가 상식 혹은 당연한 것으로 여기는 많은 것들도 하나의 편견일 수 있다.

불면증의 원인은?

오늘은 하이캠프^{3,800m}까지 1,065m를 올라간다. 힘든 등반이 될 것 같다. 어제도 2시간쯤 잤을까. '한밤의 태양'이 떠 있는 '하얀 밤'. 백야가 칠흑 같은 밤보다 무섭다. 왜 연일 잠을 이루지 못하는지 확실한 답을 찾을 수 없어 답답하다. 비타민 복용을 멈췄는데도 달라지는 건 없다. 일단 비타민은 원인에서 제외한다. 아무리 생각해 봐도 모르겠다. 빈슨이 나를 미워하는 걸까. 별 유치한 생각까지 든다.

지표보다 높은 얼음 허공뿐 아니라, 기압이 낮아서 고소 증세가 더 심해지는 건 아닐까? 그럴 수도 있을 것 같다. 디날리의 경우, 해발 높이는 6,194m지만 체감 높이는 에베레스트의 같은 높이보다 1,000m를 더 높게 잡는다. 북극권의 저기압이 미치는 영향을 고려하는 것이다. 따라서 디날리 정상의 체감 고도는 대략 7,200m$^{6,194m+1,000m}$로 잡고 이에 맞추어 등반 계획을 세운다.

빈슨 정상의 체감 고도는 얼마나 될까? 북극권과 남극권의 온도차에 따른 변수도 고려해야 한다. 기록상 최저 기온은 북극 섭씨 영하 74도, 남극 영하 94도로, 차이는 20도다. 온도 차이가 유발하는 체감 고도의 차이에 대한 과학적 근거는 불분명하지만, 경험으로 확인한 차이는 분명하다. 크리스는 이곳에서의 체험을 근거로 온도 6도당 고도 1,000m$^{1도=166.66m}$가 차이난다고 한다. 이를 근거로 20도를 높이로 환산하면 3,333m$^{20×166.66}$다. 따라서 빈슨 정상의 체감 고도는 무려 8,225m$^{4,892m+3,333m}$에 해당한다. 에베레스트 북동릉의 C5인 하이캠프 높이 $^{8,300m, 산소량 35\%}$와 얼추 비슷하다. 고산 등반의 경우 해발 7,500m는 산소 마스크를 착용하는 기준 높이다.

고백하건대, 이런 체감 고도 계산은 불면과 고소증의 원인을 내 탓이 아닌 조건 탓으로 돌리려는 억지에 가깝다. 그렇지만 나의 몸 상태가 원인이 아닐 수도 있다는 심리적 위안을 얻는 데는 효과가 상당하다. 무료한 시간을 보내는 데도 매우 도움이 된다.

춤추듯 활강하는 스키어들

로우캠프^{2,650m}를 떠나 하이캠프^{3,715m}로 간다. 1,065m를 높이는데 거리는 4.5km에 불과하다. 상당히 경사가 가파르다는 얘기다. 중간 지점에 있는 헤드월은 경사가 매우 심하다. 경사 45도에 거리 800m다. 힘든 등반이 될 것이다. 크리스는 이번 등반 시즌을 앞두고 길이 200m 고정 로프 6동을 헤드월에 새로 설치했다.

멀리 경사가 심한 비탈에 까만 점으로 보이는 사람들의 행렬이 꼬물꼬물 움직인다. 먼저 출발한 팀의 대원들이 헤드월의 초입에서 몇 걸음 가다 멈추고 쉬기를 반복한다. 멀리서 보는 데도 힘들어 하는 기색이 역력하다. 그런데 점 두 개가 춤을 추듯 빌듯 눈비탈을 내려오고 있다. 처음 봤을 땐 누군가 미끄러져 굴러 떨어지는 줄 알았다. 무릎을 살짝 굽혀도 엉덩이가 닿는 가파른 경사면을 갈지자^Z 모양으로 춤추듯 활강하는 스키어들이다. 보는 것만으로도 시원하다.

헤드월을 오르는 등반팀. 경사 45도, 높이 800m의 헤드월은 빈슨 등반에서 가장 어려운 구간이다.

운석 발견 전문 스키어들은 임무를 끝내고 귀국하기 전 2, 3일 일정으로 스키 등반을 하는데, 아마도 그들일 것이라고 크리스가 말한다. 스키어들이 어느새 우리 곁을 스쳐 지난다. 그런데 갑자기 방향을 틀어 우리에게로 온다. 그 중 한 명이 고글을 벗고 얼굴을 보이면서 내게 다가선다. "이 선배 아니세요?" 나는 혹시나 했다. "유한규 씨 아니에요?" 맞다. 여기는 지구의 최남단이다. 더구나 고산의 눈 비탈에서 서로 엇갈리는 등반중이다. 우연 치고는 기막힌 우연이다.

프로 산악인인 유 씨는 베테랑 산악 스키어다. 한국해양연구소 부설 극지연구소의 세종과학기지 운석 발견 요원으로 일하는데 연휴를 맞아 스키 등반을 왔다고 한다. 유한규 씨는 한국인으로는 남극에서 운석을 가장 많이 발견했다.

유 씨에 관한 재미있는 일화가 있다. 그는 프랑스 알프스의 산악 도시인 샤모니에서 열린 세계산악스키대회에 출전한 적이 있다. 한국인으로는 처음 출전한 유 선수의 성적은 초라했다. 하지만 그것이 한국 산악 스키 발전의 기틀이 됐다. 용기 있는 도전자는 도약의 발판이 된 것만으로도 박수를 받아야 한다. 디날리를 스키로 등반할 예정인 크리스가 그를 초청하고 싶다며 내게 다리를 놔 달라고 한다.

천천히 걸으며 빙하기의 고요를 상상하다

급경사의 헤드월을 잘 올라 까만 돌더미에 앉는다. 아침에 뜨거운 물로 채운 보온병의 물이 얼었다. 흔들어 살얼음을 깨고 몇 모금 마신다. 헤드월의 높이가 먼 곳까지 시야를 열어 준다. 멀리 바다와 하늘이 맞붙어 있다. 바다와 하늘의 색이 구분되지 않는다. "바다가 아닌데요." 또 틀렸다. 바다가 아니라 설원이라

헤드월 로프 구간을 오르며 매듭을 통과하는 지은이.

헤드월을 올라 설원으로 들어서는 등반팀.

홀로 헤드월을 올라 설원으로 들어섰다.

고 크리스가 바로 잡는다. 수평선이 아니라 설평선인 것이다.

설원에 솟은 산은 섬처럼 보인다. 때로는 횐구름처럼 보이기도 한다. 드넓은 설원이 공간을 압도하기 때문일 것이다. 하이캠프까지 얼마 남지 않았다. 다른 대원들과 함께 앞서가던 크리스가 멈춰 뒤돌아보면서 큰 소리로 나를 부른다. 빨리 오라고 재촉하는 것이다. 나도 빨리 도착해서 쉬고 싶다. 그런데 골반이 쑤시고 다리가 무겁다. 기다려 주고 있는 크리스에게 미안한 생각이 든다.

아픈 골반과 다리를 달래며 부지런히 크리스의 뒤를 따른다. 나로서는 최대한 빨리 걷는데도 크리스의 눈에는 속 터지게 느려 보이나 보다. 빨리 오라고 소리를 지른다. 고맙고 미안했던 마음이 부끄러움으로 바뀐다. 느려서 미안하다는 뜻으로 크리스가 좋아하는 춤을 추면서 미안한 마음을 전한다.

크리스는 기분이 좋고 흥이 나면 "오케이, 오케이!" 하면서 두 팔을 머리 위로 올려 엉덩이를 흔든다. 몇 초에 불과한 짧은 율동이지만 분위기를 유쾌하게 만든다. 크리스의 춤을 흉내 내면서 먼저 가라고 하니까 빙긋 웃는다. 크리스는 곧바로 뒤돌아서 간다. 이왕 늦은 거 천천히 쉬면서 가자고 마음먹는다. 아무 생각 없이 설평선을 바라본다. 이 세상에 나 혼자인 듯 고요하다. 빙하기의 지구도 이렇게 고요했을 것이다. 들리는 건 내 숨소리뿐이다.

내가 실패율 5%에 드는 건 아닐까?

지난밤도 거의 뜬눈으로 보냈다. 오늘은 쉬는 날이다. 그동안 못 잔 잠을 벌충하려고 해보지만 뜻대로 되지 않는다. 잘 자고 나면 몸이 풀릴 텐데. 쉬어도 쉰 것 같지가 않다. 머리에는 왜 눈이 없을까. 머리가 눈을 감으면 온몸이 잠잘 수 있을 텐데.

내일 정상에 오른다. 이탈리아 팀은 벌써 등정을 끝내고 내려간다. 2박 3일 만이다. BC에서 함께 출발했는데 우리가 많이 뒤처졌다. 우리는 일정을 4박 5일로 잡았다. 내 컨디션이 우리 팀에게 나쁜 영향을 주지 않을까 걱정이 된다. 내가 실패율 5%에 드는 건 아닐까 하는 생각도 든다. 95% 성공률만 주문처럼 머릿속에 새긴다.

"행운을 빕니다!"

"서미트 데이^{Summit day}!"

"굿모닝!"

등정일 아침, 텐트 밖에서 즐겁게 인사를 나누는 소리가 들린다. 햇살이 강렬한 듯 텐트 안도 환하다. 눈을 뜬다. 아니, 눈을 뜰 필요는 없다. 뜬눈으로 하얀 밤을 보냈으니까. 그래도 떠야 한다. 마음의 눈을 뜬다.

비빔밥 두 스푼과 라면 국물 한 모금으로 아침을 때운다. 더 먹으면 탈이 날 것 같다. 다행히 기분은 상쾌하다. 정상을 향한 설렘이 컨디션을 끌어올린 것 같다. 바람은 잠잠하고 하늘엔 구름 한 점 없다. 크리스가 전 대원들에게 출발 신호를 보낸다.

"현재 온도는 섭씨 영하 30도입니다. 행운을 빕니다"

"렛츠 고! 굿 럭! 고! 고!"

대원들의 외침이 우렁차다.

사라진 정상

눈에서 반사하는 햇볕의 열기가 강해 추위는 느껴지지 않는다. 순조롭게 정상으로 다가간다. 정상으로 오르는 능선의 안부가 보이는 곳에서 안자일렌을 풀고 쉰다. 앞서간 남성 팀의 리차드와 찰리는 이미 안부를 지난 것 같다. 그 뒤를 따르던 여성 팀이 안부를 지나는 모습이 가물가물하게 보인다.

실바람이 불기 시작한다. 크리스가 걸음을 멈추고 옷을 더 입으라고 권한다. 입고 있던 윈드재킷을 벗고 입으려는데 그대로 다운재킷을 입으라고 한다. 덥지 않겠느냐는 말을 할까 하는데 바라클라바와 고글, 벙어리장갑까지 끼라고 하는 걸 보니 크리스만 느끼는 알람이 작동한 것 같다. 이제 외부에 노출된 피부는 전혀 없다. 바람이 비집고 들어올 틈도 없다. 그야말로 에베레스트 하이캠프8,300m에서 정상을 향해 떠나는 날 밤과 같은 완벽한 차림이다. 산소 마스크만 없을 뿐이다.

우리 팀도 안부에 도착한다. 서브라인봉4,865m과 빈슨 정상4,892m이 갈라지는 지점이다. 이곳에서 정상까지는 얼마 남지 않았다. 172m만 고도를 올리면 남극 대류의 최고봉이다. 1시간이면 충분히 왕복할 수 있는 거리다. 이미 등정한 기분이다. 당연히 만끽해야 한다. 대원들과 하이파이브를 하고 얼싸안으며 기쁨을 나눈다.

등정 후 하산 중인 남성 팀과 만난다. "거의 다 왔어!" 곧 정상이라고 우리 팀을 격려한다. 등정한 사람만이 누릴 수 있는 여유, 등정으로 고조된 기분이 목소리에서 느껴진다. "축하해!" 남성 팀에 뒤이어 내려오는 여성 팀에게 우리 팀이 축하를 보낸다. 그들도 우리 팀의 등정을 기정사실로 여긴다. 내려가는 팀이

나 올라가는 팀이나 모두 즐겁다. 그러나 섣부른 감격이었고, 성급한 자축이었다. 이때까지도 빈슨을 전혀 모르고 있었다. 1초가 다르게 급변하는 남극 대륙 정상의 날씨를 전혀 예상하지 못한 것이다. 안부에서 출발한 지 10분쯤 지나 정상이 눈앞에 빤히 보이고 마음은 이미 정상에 올라가 있을 때였다. 갑자기 정상 주변에 구름이 몰려오더니 1분도 채 안 된 사이에 정상을 삼켜 버린다. 정상이 사라졌다. 기가 막힌다.

크리스가 내려가자고 제안한다. 크리스는 이곳을 잘 안다. 뭔가를 느끼고 한 말이다. 하지만 바로 코앞이 정상인데 내려가자니, 말도 안 된다. 내가 더 가자고 주장하자 크리스가 순순히 따른다. 더듬더듬 앞서가던 크리스가 자주 멈칫거린다. 평소 같으면 눈 감고도 갈 수 있는 길일 텐데, GPS를 눈앞에 두고 길을 더듬는다. 하얀 어둠이 질식이라도 시킬 듯한 밀도로 사위를 채운다. 거리감을 느낄 수 없고 높낮이를 가늠할 수 없다. 바로 앞에 있는 크리스도 보이지 않는다. 뒤쪽의 대원들은 물론이다. 서로 몸을 묶은 로프로 느끼는 감각만이 눈을 대신한다. 다행히 바람은 없다. 그런데 이런 상황에서 바람이 계속 조용할까.

"내려가!" VS "안 돼!"
더듬더듬 움직이던 로프가 멈추더니 하얀 형체가 된 크리스가 내 앞으로 다가온다. 그리고 강한 어조로 말한다.

"내려가!"

가이드로서의 권유가 아니라, 등반대장으로서의 명령이다.

"안 돼!"

대원인 내가 즉각 반대한다. 일종의 항명이다. 크리스는 가이드이지만 우리 팀의 대장이기도 하다. 하지만 나는 절박하다. 지금 내려가면 등반은 실패로 끝난다. 재시도 가능성은 희박하다. 사느냐 죽느냐를 생각할 겨를도 없다. 단순히 빈슨 등반만 목적이라면 쉽게 포기하겠는데, 7대륙 최고봉 등정이라는 문제가 걸려 있다. 기회비용은 이미 지불한 경비에 비할 바가 아니다. 나는 이 기회를 어떻게든 살려야 한다. 대원들도 내 편에 서서 크리스에게 맞설 기세다. 그러나 크리스는 완강하다.

"300m 능선이 기다리고 있어."

지금 이 순간은 300m가 아니라 300km이라는 의미로 들린다. 위험 부담이 감수할 만한 수준이 아니라는 얘기다. 크리스는 지금 등반대장과 대원 간의 갈등과 함께 고객과 업체 사이에서도 갈등하고 있다. 상업 등반업체의 가이드로서 고객의 안전과 회사의 명예를 지켜야 할 책임이 있기 때문이다. 만약 대원들의 안전에 치명적인 불상사가 발생할 경우 업체의 명예 실추는 물론 영업에 큰 타격을 입게 되고, 법적 소송까지 당할 수 있다. 이런 점이 상업대와 일반 원정대의 다른 면이다.

크리스의 완강한 하산 명령에도 나는 숫제 떼를 쓴다. 이번엔 무릎을 꿇었다. 머리까지 숙였다. 크리스의 두 다리를 와락 잡고 가자고 매달린다. 등반 회사의 가이드가 아니라 동료 산악인에게 호소하는 것이다. 크리스는 대답 대신 로프를 툭 당기며 정상으로 몸을 돌린다. 고작 10m 높이에 300m만 가면 남극 대륙의 꼭짓점, 빈슨의 정상이다.

하얀 어둠이 삼켜 버린 360도

지구 남쪽 대륙의 정점에서 360도로 넓게 멀리 세상을 보고 싶었다. 그 꿈은 이미 허물어졌다. 한치 앞도 보이지 않는다. 하얀 어둠 속이다. 역시나 바람이 가만히 있지 않는다. 강풍이 몰아친다. 몸이 뜰 정도다. 허리를 숙이고 엎드리다시피 하며 버티지만 몸이 날려 갈 것 같다. 이 바람을 무슨 수로 견딜 수 있을까. 그렇다고 계속 엎드려 있을 순 없다. 가야 한다. 꼭 올라가야 한다. 몇 걸음 가다 또 움츠린다. 하얗게 어두운 허공에 속수무책으로 흔들리는 로프가 바닥을 내리친다. 깊게 패인 흔적은 세찬 바람에 이내 지워진다.

악마의 능선일까, 형벌의 능선일까. 대원들은 미끄러지고 쓰러지고 넘어진다. 로봇이라면 부서졌을 것이다. 로프 뒤쪽이 팽팽하게 당겨지면 누가 넘어졌을까, 추락일까, 하고 덜컥 겁이 난다. 죽을지도 모르겠다는 공포감이 밀려온다. 다행히 다시 느슨해지면 살았구나 하고 마음을 놓는다. 모두 눈 뜬 장님이다. 대신 다른 감각은 극도로 민감해진다. 어떻게든 한 발 한 발 옮겨 놓는다.

"미스터 이! 서미트!"

바람은 더 모질어지고, 하얀 어둠은 더 짙어진다. 눈을 떴는지 감았는지도 모르겠다. 물에 빠져 허우적거리는 것 같다. 코앞을 볼 수 없다. 내 손발이 무엇을 하는지 보이지 않는다. 오직 촉각에 의지해 하얀 어둠을 헤쳐 나간다. 앞쪽 로프의 움직임이 감지되지 않는다. 멈춘다. 무언가 소리가 들린다. 환청인가? 아니, 사람 목소리다. 바람소리에 끊어질 듯 이어지지만 분명 사람의 목소리다.

"미스터 이! 서미트!"

또 들린다.

"미스터 이! 서미트!"

크리스의 목소리다. 세상이 일순 멈춘 듯하다. 바람이 멈추고, 어둠이 멈추고, 추위가 멈추고, 나도 멈추고, 모든 게 멈춘다.

"미스터 이! 서미트!"

확실하게 들린다. 정상이다. 누가 먼저랄 것 없이 로프를 당겨 부둥켜안는다. 울컥 흔들리는 내 어깨를 크리스가 힘껏 안는다.

모든 것을 '0'으로 만든 '하얀 어둠'

정상은 360도로 보이는 세상이 아니다. 시계 제로다. 모든 것이 '0'으로 리셋된 것 같다. 보이는 건 하얀 어둠, 들리는 건 소름 끼치는 바람 소리뿐이다. 하산을 서두른다. 순간순간이 난관이다. 날씨가 그렇게 말렸는데, 크리스가 간곡히 내려가자 했는데, 과욕이 부른 벌일까. 그래도 등정했다는 성취감이 하산하는데 힘이 된다. 올라올 때 안부 북면에서 오른쪽 능선으로 오르는 지점에서 봤던 이정표같이 우뚝한 돌 앞까지 왔다. 죽음의 바람 능선을 거의 벗어난 것이다.

이제 바람으로부터 자유로워지는 북쪽 기슭으로 들어서면 비교적 안전한 하산 길이다. 북쪽 기슭으로는 바람이 불지 않는다. 남풍의 위세로부터 나를 지켜줄 기댈 언덕을 만난 것이다. 조금은 안도한다. 하지만 아직 재앙은 끝나지 않았다. 내가 자초한 것이었다. 나의 대책 없는 호기심이 화근이었다.

왜 그랬을까. 등정한 것만으로 감사하며 그냥 내려올 걸. 문득 하얀 어둠의 정체가 궁금해졌다. 화이트아웃 때문인지, 아니면 안경과 고글에 성에가 끼어서인지 알고 싶었다. 남풍의 진짜 모습을 보고 싶었던 게 더 큰 이유였는지도 모르겠다. 수면 부족과 극심한 고소증으로 통제력을 상실한 탓일 수도 있다.

고글을 벗으려고 들어 올리는 순간, 눈가루가 얼음 가루인지도 모르겠다 고글 안으로 들어와 눈가에 쌓인다. 고글 안팎으로 하얗게 얼어붙어 100% 시각을 잃는다. 동상과 동시에 설맹이 돼 버린 것이다.

설맹, 모래 속에서 안구를 굴리는 듯하다

북쪽 기슭에 들어서서 로프의 흐름만을 감각으로 느끼면서 5분쯤 걸었다. 살풍의 세력에서는 벗어났다. 쉴 수 있는 공간에서 멈춘다.

"오 마이 갓! 오 마이 갓!"

크리스가 대원들의 상태를 점검하다가 내 앞에서 탄식을 토해 낸다. 크리스는 속장갑으로 내 눈을 안대처럼 가리고 털모자까지 동원해 얼굴 전체를 꽁꽁 싸맨다. 아는 것이 병이라더니, 설맹에 안면 동상을 입었다는 사실을 알고 나자 통증이 느껴지기 시작한다. 눈을 뜬 채로 모랫바닥에 엎어져 눈동자를 굴리는 것 같다. 크리스가 지팡이가 돼 준다. 크리스와 묶은 로프는 나의 생명줄이다. 앞을 못 보기로 치면 크리스도 나 못지않다. GPS가 눈과 발을 대신하는 것 같다. 가다 멈추기를 거듭한다. 잠시 쉰다. 크리스는 환자 발생과 현재의 위기 상황을 BC와 패트리어트힐 본부에 숨 가쁘게 보고한다. 별 소득이 없다. 환자 상태를 계속 묻기만 할 뿐 어떻게 하라는 지침은 주지 않는다. 듣고 있는 내가 안타까워 오히려 크리스를 위로하고 싶은 심정이다.

나의 지팡이가 돼 준 크리스

"4km··· 3km··· 2km."

크리스가 하이캠프까지 남은 거리를 계속 알려 준다. 나를 안심시키려는 크리스의 배려다. 가이드로서 직업 의식 이상의 마음이 느껴진다.

"1km··· 100m."

밤 10시. 초주검 상태로 하이캠프에 도착한다. 14시간만이다. 긴 하루였다. 폭풍, 화이트아웃, 추위, 동상과 설맹 등 많은 일들이 잠깐 사이에 일어났고 다행히 버텨 냈다. 상처 입은 등정이지만, 앞을 못 본 등정이지만, 그래도 기쁘다. 자연의 섭리에 순응하면서 살아야 한다고 입버릇처럼 말해 왔는데, 스스로 어긴 것이다. 그렇지만 그 대가로 등정했다. 상처는 기꺼이 감수해야 한다. 내 텐트에 와서 잠자리를 봐 주는 크리스에게 고맙다고 말하고 싶어 눈을 뜨려는데 뜨지 못하겠다. 크리스의 손을 잡고 진심을 담아 말한다.

"크리스, 정말 고마워."

"천만에."

크리스는 내 손을 잡고 담백하게 말하지만 나로서는 밤을 새워야 할 만큼 길게 고마움을 표현하고 싶다.

휴식일이다. 눈과 얼굴이 답답하다. 안대와 붕대를 등산용품으로 대신해서 더 그런 것 같다. 마음까지 답답해진다. 잠깐 풀었더니 답답함이 슬픔으로 바뀐다. 손으로 얼굴을 만져 보니 울퉁불퉁 부풀었다. 이렇게까지 해야 했을까. 손가락이 눈물에 젖는다. 눈이 떠지지 않는다. 힘을 줘 떠 보지만 흐릿하다. 도로 감는다.

집으로 향한 마음

BC까지 무사히 내려왔다. 일기가 나빠 비행기가 뜰 수 없다. BC에도 치료약이 없기는 마찬가지다. 나도 준비해 오지 않았다. 그래도 속장갑과 바라클라바 등 안대와 붕대를 대신했던 등산용품을 풀고 맨 얼굴로 지낼 수 있을 정도가 됐다. 거울이 없어 다행이다. 보면 더 괴롭겠지. 얼굴에 온통 물집이 생겼다. 좁쌀처럼 작은 것부터 콩알만큼 큰 것까지 엉망이다.

BC에 도착한 날 저녁 10시에 잠들어 다음 날 오전 3시까지 5시간 동안 한 번도 깨지 않고 잤다. 얼마만의 숙면인가. 잠을 잘 자고 나니 안도감이 생긴다. 햇살이 따뜻하고 쨍쨍하다. 다운재킷, 양말, 침낭 등 축축한 의류와 습기 찬 장비를 텐트와 텐트 사이로 연결한 빨랫줄에 널어 말린다. 그 틈에서 페넌트가 눈에 들어온다. 눈시울이 젖는다. 마음이 집으로 간다.

Hooray!!

GRANDPA

You did it!!

We Love you

그렇다. 할아버지가 해냈다. 축하해 줘서 고맙다. 나도 사랑한다. 그런데 미안하다. 정상에서 사진을 찍지 못했다. 보여 줄 게 없구나.

등정 후 베이스캠프에서 축축해진 옷가지와 장비를 말린다. 텐트 앞 응원 페넌트를 보며 눈시울을 적셨다.

빈슨 등정 후 하산 길에 동상을 입은 후 거의 회복된 모습.

미래의 남극 대륙은?

도착지 날씨가 나빠 오늘도 비행기는 결항이다. 얼굴의 부기가 내리고 물집이 가라앉았지만 무척 가렵다. 눈이 반쯤 떠진다. 얼굴이 좋아졌다며 A팀의 리차드와 찰리가 식당 캠프에서 축하의 의미로 술병을 딴다. 패트리어트힐 식당에서 갖고 온 와인이다. 크리스는 피곤하거나 추울 때 이따금 한두 잔씩 아껴 마신다는 칠레산 위스키를 내놓는다. 오랜만에 웃는다.

귀한 것이라면서 크리스가 엄지만 한 초미니 거울을 내민다. 격려하는 뜻으로 건네는 것 같다. 거울 속의 내 눈은 짝짝이, 입은 삐뚤어졌고, 뺨은 울퉁불퉁하다. 이 흉물이 나란 말인가. 그렇지만 이렇게 살아 있는 것에 감사하자. 오른쪽 눈은 완전히 감겼고, 왼쪽은 실눈이다. 그래도 괴물보다는 잘생겼다. 내일은 더 좋아질 것이다.

아침이다. 어젯밤도 잘 잤다. 두 눈이 다 떠진다. 잘 보인다. 초미니 거울에 보이는 내 얼굴은 어제의 흉물이 아니다. 오늘은 내 얼굴이 맞다. 이제는 부기가 자랑스러워 보인다. 사진을 찍어 둔다. 활짝 웃었지만 좀 일그러져 있다. 내일은 제대로 웃을 수 있을 것이다.

내일 비행기가 온다는 소식이 들린다. 크리스와 리차드, 찰리와 함께 와인잔을 앞에 두고 BC에서의 마지막 밤을 보낸다. 만약 남극 대륙이 동결 해제되는 2048년에 이곳에 다시 온다면, 그때는 관광객으로 백야를 하얗게 새면서 옛일을 얘기하자며 잔을 부딪친다.

'환경보호에 관한 남극조약의정서'에 따라 남극 개발은 2048년까지 금지돼 있다. 45억 년이라는 지구의 나이에 비춰 보면 2048년까지 남은 시간은 잠깐이다. 이제 곧 남극은 영유권 주장과 개발 경쟁으로 달아오를 것이다. 그렇다고 해서 피 터지는 상황으로 전개되지는 않을 것이다. 현재 진출해 있는 각국의 기지 규모가 평행 이동하여 개발권을 결정할 가능성이 높기 때문이다.

세상에서 가장 높은 곳, 집

BC를 떠난다. 등정 후 5일째다. 적막한 설원을 비행기의 그림자가 조용히 미끄러진다. 하늘이 파란 듯 하얗다. 설원이 하얀 듯 파랗다. 하늘에 구름이 떠 있듯, 바다에 섬이 떠 있듯, 남극 대륙엔 얼음 위로 산이 떠 있다. 하늘엔 운해가 출렁이듯, 바다엔 파도가 출렁이듯, 남극엔 얼음산이 출렁인다. 정상에서 이 모습을 보았다면 어떻게 보였을까. 소실점을 찾을 수 없는 무한으로 열린 360도의 세계였을까? 내가 보지 못한 그 세계는 빈슨 정상에서만 볼 수 있을까? 그렇지만은 않을 것이다. 어쩌면 그날 빈슨의 하얀 어둠은, 나에게 더 열린 눈으로 세상을 보라고 나의 세계 인식을 리셋한 것인지도 모르겠다. 나는 지금 집으로 간다. 세상을 360도로 보게 하는 곳. 세상에서 가장 높은 곳. 집!

굿바이 빈슨!

2007.12.26~2008.01.21

Denali
6,190m
디날리

디날리에서는 '사람의 풍경'도 '보석'처럼 아름답다

등산의 본질을 산의 높이나
등반 기술의 우열로 따져서는 안 된다.
아무리 작은 산을 올랐을지라도
하산한 뒤 마음속에 깊이 남았다면
그것이야말로 참된 산행이다.

우에무라 나오미(1941~1984)

아주 먼 북쪽. 북극곰이 유빙 사이를 뛰어다니고, 오로라가 길고 추운 극야를 어루만지고, 타이가^{침엽수림}는 한 번도 제 운명에 회의해 보지 않은 모습으로 꼿꼿이 푸르고, 툰드라는 온 가슴으로 순록을 보듬어 안는 곳. 알래스카.

알래스카의 자연은 모험이나 야생을 동경하는 사람들에게 더없이 매혹적이다. 더욱이 광활한 툰드라 위로 솟구친 알래스카산맥 중앙부에 거대한 빙하가 떠받치고 있는 디날리^{6,190m}는 북아메리카 대륙의 최고봉이다.

히말라야의 거봉을 등정한 유명 산악인들도 디날리는 반드시 오른다. 디날리가 빠지면 자신의 등반 이력에 구멍이 난 것처럼 여기는 듯하다. 디날리가 북아메리카의 최고봉이어서 그런 것만은 아니다. 빙하와 어우러진 독특한 풍광, 북극권의 엄혹한 기후에 따른 까다로운 등반 조건만으로도 등정 욕구를 불러일으킨다. 하지만 이것보다 더 자극적인 요소가 있다. 디날리에서는 히말라야에서처럼 셰르파나 포터의 도움을 받을 수 없다. 식량, 연료, 텐트 등 모든 장비를 등반자가 운반해야 한다. 이에 더하여 자연 보호라는 도덕적 의무가 주어진다. 매우 엄격하다. 자신의 몸도 가누기 힘든 상황에서도, 자신을 돌보는 것에 상응하는 수준으로 디날리를 보호해야 한다. 스스로 정상급 등반가라고 생각하는 사람이라면 피할 수 없는 도전 과제가 되는 것이다. 디날리의 등반 룰 때문에 감수해야 하는 핸디캡이 역설적이게도 디날리 등반의 매력을 더하는 셈이다.

나는 디날리 첫 등반을 실패했다. 아주 가볍게, 그래서 더 처참하게 무너졌다. 결코 디날리를 쉽게 보지 않았다. 철저히 공부하고 준비했다. 하지만 '디날리의 룰'을 충족시키기에는 부족했다.

'디날리 룰'은 어떻게 만들어졌을까?

디날리는 자신과 등반자의 관계에서 비대칭을 용납하지 않는다. 사실 구릉 같은 동네 뒷산이 아니라면 인간이 맨몸으로 감당할 수 있는 산은 거의 없다. 하나의 동물종으로서 인간에게 근본적으로 불리한 게임이 등산이다. 인간은 그 기울기의 열세를 기술과 장비와 인력으로 극복했다. 히말라야 초기 등반에서는 국가적 지원을 등에 업고 군사 작전 하듯이 그 간극을 메웠다. 하지만 디날리는 그것을 허용하지 않는다. 물론 아무 말도 할 수 없는 디날리가 그렇게 하지는 않는다. 그 주체는 미국 정부다. 1872년 세계 최초로 옐로스톤을 국립공원으로 지정한 이래 미국 정부는 엄격하게 국립공원을 관리해 왔다. 디날리는 1917년에 국립공원으로 지정되었다. 당시 명칭은 매킨리 국립공원이었고, 1980년에 지금 이름으로 바뀌었다.

디날리의 등반 룰이 엄격해진 데는 자연 보호가 큰 이유이긴 하지만 그것이 전부는 아니다. 우선 이곳에는 히말라야에서처럼 포터나 세르파 같은 인력이 없다. 흔히 에스키모라고 통칭하는 이누이트를 비롯한 알래스카 원주민은 지극히 자연에 밀착하여 사는 사람들이다. 가족 중심으로 반유목적 생활을 하며 자연으로부터 얻은 것들로 자급자족하는 삶을 영위해 왔다. 국가 개념도 없었을 뿐 아니라 부족 사회에서도 상명하복의 문화는 없었다. 그들의 리더는 다스리는 자가 아니라 존경받는 원로에 가까웠다. 이런 사람들이 누군가의 통제를 받으며 포터 역할을 하는 건 상상하기 어려운 일이다.

디날리 룰 즉 디날리의 등반 규칙은 알래스카의 자연적·문화적 특수성에 미국 정부의 자연 보호 정책이 결합하여 만들어진 것이다. 디날리 룰은 의도한 바는 아니었겠지만, 알피니즘이라는 구호를 '공연한 생색내기'로 만들어 버림으로써 효력을 강화한다. 이를테면, '알피니즘? 난 그런 거 몰라. 디날리에 오르고 싶다고? 그럼 올라. 그건 네 자유야. 하지만 자신의 목숨을 지키는 일은 물론 산에 가해지는 스트레스에 대해서도 네가 책임져. 어때, 간단하지? 공정하기도 하고 말이야. 이게 디날리 룰이야' 하고 말하는 것이다. 만약 거부한다면? 비신사적 매너의 불한당이 되고 만다. 디날리 룰은 자율과 양심을 자극하여, 규제의 철조망을 성취감을 높이는 허들로 전환시킨다.

디날리, 혼자서는 어려운 산이다

첫 번째 디날리 등반 실패 후, 나 혼자만의 힘으로는 등정할 수 없다는 사실을 깨달았다. 여기서 혼자란, 말 그대로 단독 등반을 의미하지는 않는다. 첫 번째도 혼자는 아니었다. 하지만 등반 가이드 회사에서 조직한 팀의 일원이었으므로 사실상 혼자나 다름없었다.

디날리 국립공원에서는 팀 등반을 강력히 권한다. 최소 2명, 보통은 4명을 권장하는데 12명까지 가능하다. 그렇다고 해서 단독 등반을 무조건 금지하지는 않는다. 별도의 허가 절차를 거쳐야 한다. 이렇게 하는 이유는 안전 또 안전을 위해서다. 팀을 이루면 우선 텐트와 식량, 연료 같은 공동 장비를 분담하므로 무게 부담이 줄어 체력을 아낄 수 있다. 더 중요한 이유는 위험 상황에서 팀 동료의 도움을 받을 수 있다는 점이다. 디날리 국립공원 홈페이지에서는 '자력 구조'를 반복적으로 강조한다. 그렇다고 해서 디날리 국립공원이 조난자에게 자력을 내세우며 외면하지는 않는다. 적극적으로 돕는다. 필요하면 헬기까지 동원한다. 경우에 따라서 비용은 조난자가 부담해야 한다. 그렇지만 조건이 붙는다. 아무리 위급 상황이어도 구조자의 안전이 우선이라는 조건이다. 모든 산이 그렇긴 하지만 디날리 등반의 제1원칙은 생존은 자기 책임이라는 것이다. 이래저래 디날리 룰은 까다롭다. 지켜야 하는 입장에서는 매우 가혹하게 느껴질 수밖에 없다. 그런데 어쩌겠는가. 원칙적으로 올바르기 때문에 반박이 쉽지 않다.

내가 찾아낸 디날리 룰 돌파의 열쇠는 친구였다. 내 산 친구들에게 고민을 털어놓자 적극 돕겠다고 나섰다. 한국의 후배 클라이머들이다. 이들의 등반 능력은 나보다 월등하다. 이들과 팀을 이룬다면 고등학교 기숙사 사감 같은 디날리의 성미도 감당할 수 있을 것 같았다.

나 혼자서는 벅찬 디날리, '짜잔!'으로 도전한다

"형, 여기!"

나의 디날리 등반은 로스앤젤레스 공항에서부터 시작된다. 우리 집 거실은 순식간에 등산 장비점을 옮겨 놓은 듯한 분위기로 바뀐다. 아내가 준비한 한국식 밥상은 한국과 미국의 아득한 거리를 한순간에 좁혀 버린다. 음식은 문화적 요소 가운데서도 질기기가 으뜸이다.

우리 팀의 이름은 'ZAZAN'이다. '짜잔!'을 소리대로 옮긴 것이다. 유쾌하게 등반하자는 마음을 담았다. 디날리를 등반하려면 팀 이름과 대원들의 명단을 신청서에 적고 리더—한국식으로 표현하면 원정대장. 이 사람이 가장 실력이 뛰어날 필요는 없다. 레인저와 팀 간 소통에 필요한 사람—를 정해야 한다.

이세중, 김지우 그리고 나. 대원은 이렇게 셋이다. 등반 허가를 받은 사람은 4명이었는데 스키 등반을 희망했던 유한규가 다른 원정과 겹치는 바람에 빠졌다. 대신 4인용 텐트 2동과 피켈을 보내 왔다. 산 친구 사이의 사과법이다. 이세중과 김지우는 동갑내기다. 서울 북한산 암벽 등반 때 만난 사이다. 이세중은 에베레스트 충남원정대 등반대장을 했고, 정부로부터 체육포장을 받은 뛰어난 산악인이다. 이메일 주소를 '참산'이라 할 만큼 참으로 산을 좋아하는 세중은 교육자이기도 하다. 현재 초등학교 교장 선생님인 그는 '따또바니교육봉사회'라는 NGO를 설립하여 동료 교사, 산악인 등 자원봉사자들과 함께 해마다 겨울 방학 때 히말라야 산골에 학교를 지어 주고, 마을 시설을 보수하고, 의료품을 전하는 등 봉사활동을 해왔다. '따또바니'는 네팔어로 '따뜻한 물'이라는 뜻이다.

김지우는 에베레스트를 나와 함께 등정했다. 클라이밍 실력도 뛰어나지만 인간미가 더 돋보이는 친구다. 히말라야 K2^{8,611m} 등정을 눈앞에 두고 하이캠프에서 셰르파가 추락했다는 소식을 듣고 즉각 등정을 포기하고 현장으로 내려가 구조에 나섰을 만큼 희생적이다. 더 놀라운 건 그런 행동을 별 고민 없이 한다는 점이다. 나와 에베레스트를 등반할 때도 우연히 위급 상황에 처한 산 선배를 구했지만 조금도 내색하지 않았다. 에베레스트 등반 때 내가 알게 모르게 많은 도움을 받았다.

등반 루트는 웨스트 버트레스$^{West\ Buttress}$로 정했다. 노멀 루트다. 대부분$^{80\%}$의 등반대가 이 루트로 정상에 오른다. 등반 방식은 알파인 스타일이다. 극지법으로 등반하게 되면 3주일쯤 걸리는데, 시간을 쪼개서 온 내 파트너들에겐 하세월이다. 한편으로 나에게도 유리할 수 있다. 내 체력으로는 장기간 산에 머무를수록 위험도 또한 높아지게 마련이다. 이번 등반도 성패는 나에게 달렸다. 내가 잘 버틴다면 일주일 정도에 끝낼 수 있다. 그러면 한국인 최단시간 등정 기록을 세운다. 단 위급 상황이 발생하면 무조건 전원 하산하기로 합의했다.

빙하 위의 베이스캠프

로스앤젤레스에서 출발한 비행기가 앵커리지에 도착한다. 앵커리지는 알래스카 남부에 위치한 알래스카 제1의 도시다. 주도는 아니지만 인구의 40% 정도가 이곳에 산다. 미니버스를 타고 2시간 가까이 알래스카의 툰드라를 달려 디날리 초입의 소도시 토키나^{Talkeetna}에 도착한다. 토키나는 디날리 등반의 거점이다. 디날리 국립공원 레인저 스테이션과 구조대, 디날리 베이스캠프로 등반객을 실어 나르는 경비행기 회사가 모여 있다. 이곳에서는 반드시 디날리 등반에 관한 교육을 받아야 한다. 쓰레기 수거, 배설물 처리 방법 등 규칙 설명은 물론 위급 상황이 발생하면 스스로 해결해야 하고, 하산 보고 때는 등정 여부를 자진 신고하라고 일러 준다. 교육을 받지 않으면 비행기를 탈 수 없다.

디날리 계곡을 곡예비행하듯 통과한다. 곡예비행에는 약간의 고객 서비스 성격이 포함돼 있다. 비행 시간은 40분 정도이다. 경비행기가 랜딩 포인트$^{2,200\text{m}}$에 착륙한다. 랜딩 포인트는 디날리에서 가장 긴 빙하인 카힐트나$^{약\,71\text{km}}$ 위의 설원이다. 활주로만 없을 뿐 사실상 비행장 역할을 하면서도 '착륙 지점'이라 표현한다. 그 이유는 가능하면 디날리에 인위성을 덧붙이지 않으려는 의도로 읽힌다. 거의 경사가 느껴지지 않는 이곳은 비행장으로서만이 아니라 디날리 베이스캠프로서 손색없는 입지다. 남동쪽으로 헌터봉, 서쪽으로 포레이커봉, 멀리 능선 위로 디날리 정상이 선명하게 보인다.

레인저 텐트에서 썰매와 연료를 지급받은 다음 깊숙이 눈을 파고 텐트를 친다. 텐트 옆에 맥주와 콜라 캔 3개씩을 윗부분만 살짝 보이게 묻는다. 흔히 엄마들이, '지금 먹겠다면 1개, 숙제 다 하고 먹으면 2개' 하며 아이들을 어를 때 사용하는 사탕이나 마시멜로 같은 것이다. 등정 후 하산하면 자축을 하려고, 등반 중 지칠 때 생각하면 힘이 난다고 해서 많이들 그렇게 한다. 디날리만의 관례 비슷한 행위다. 맥주와 콜라 캔을 묻고 나서 지우가, "내려오자마자!" 하고 외치자 세중이 "마시자!"로 마무리한다. 팀워크는 걱정하지 않아도 될 것 같다.

눈부신 빙하의 햇살 속으로

"아자!" "아자!" "아자!" 셋이서 차례로 외친다. 하이스틱 소리가 경쾌하다. 카힐

트나 빙하의 아침이 눈부시다. 빙하의 발원지로 향한다. 모두 스키를 신었다. 디날리 등반에서 초반은 눈 덮인 빙하를 걷기 때문에 스키나 설피를 신는 것이 보통이지만 필수는 아니다. 지우가 앞에 섰다.

로프로 몸을 묶은 일단의 등반 행렬이 헌터봉⁴·⁴⁴²ᵐ을 향해 씩씩하게 올라가는 모습이 보인다. "첫 길부터 잘못 들었네요." 그들을 보고 세중이 말한다. 디날리로 가는 등반로는 아래쪽인 스키힐 방향으로 고도 200m를 내려가야 한다.

나는 배낭만 멨다. 둘은 배낭 뒤쪽에 끈으로 연결한 플라스틱 눈썰매까지 끈다. 눈썰매엔 짐이 가득하다. 내가 감당해야 할 몫까지 둘이 나눠 실어서 그렇다. 히말라야 같으면 눈썰매 하나에 실린 짐만으로도 두 명의 포터가 필요하다. 내리막에서 썰매가 미끄러진다. 스키는 방향을 조절하고 브레이크를 잡을 수 있지만 썰매는 물리적 운동 법칙만 따를 뿐이다. 짐을 싣고 가는 데는 도움이 되지만 제멋대로 미끄러질 때는 상당히 골탕을 먹는다. 세중과 지우에게 "내가 좀 할까?" 했더니, "힘 있을 때 아껴 둬." 하며 간단하게 거절한다. 내가 미안해하는 걸 알고는 일부러 냉랭하게 말한다. 그래서 더 미안해진다.

200m를 내려와 스키힐²·⁴⁰⁰ᵐ 오르막으로 접어든다. 이번엔 썰매가 뒤로 미끄러진다. 그래서 스키용 스토퍼를 썰매 밑바닥에 부착해서 미끄러지는 걸 막는다. 그래도 썰매가 뒤에서 당기기 때문에 힘이 더 든다.

디날리 등반에서 스틱은 필수품이다. 오르막에서 썰매를 끌 때 스틱 없이는 추진력을 얻지 못한다. 요즘은 알파인 스틱, 알파인 폴 혹은 등산 스틱이라 불리며 등산 장비로 보편화되었지만, 사실 이 장비는 스키폴을 등산 장비로 응용한 것이다. 그 발상지가 디날리다. 디날리가 대중적으로 알려져 등반객들이 모

262

여들면서 가장 문제가 되는 것이 짐 운반이었다. 알래스카에서는 흔한 썰매가 들어왔고, 그것을 사람이 끌면서 스키폴을 사용하게 된 것이다. 처음에는 스키폴을 그대로 사용했지만 시간이 지나면서 접어서 길이를 조절할 수 있는 알파인 스틱으로 변했다.

200m를 오르자 랜딩 포인트와 같은 높이다. 헛수고를 한 것 같다. 이 지점을 베이스캠프로 하면 좋겠다는 생각을 해본다. 경사가 랜딩 포인트와 비슷하고, 폭은 더 넓다. 디날리 국립공원에서는 들은 척도 하지 않을 것이다. 그랬다가는 더 위로 야금야금 산을 갉아먹을 것이라면서.

땀이 쏟아진다. 티끌 하나 없는 하늘에서 쏟아지는 열기를 눈이 되받아 뿜는 통에 체감 온도는 한여름 땡볕 아래에 선 것 같다. 다운재킷을 벗었는데도 땀이 멈추지 않는다. 연신 땀을 훔치면서 쩔쩔맨다. 그래도 바람과 추위보다는 낫다. 세중과 지우는 물병을 입에 달고 있다.

휴식 중인 우크라이나 팀을 만난다. 여성 멤버는 탱크탑 차림을 하고도 살인적 더위라며 아우성친다. 얼굴은 선블록 로션이 땀과 섞여 범벅이다. 귀국하면 나를 아빠에게 소개하겠다며 함께 사진을 찍자고 한다. 그녀의 아버지는 나보다 열 살 젊다. 한참을 쉬었는데도 더위를 식히지 못한다. 쉬어도 걸어도 뜨겁기는 마찬가지다.

"내일은 내일의 태양이 떠오른다"
스키힐 중간 지점이다. 디날리 첫 등반 때 포기하고 돌아섰던 바로 그곳이다.
"잠깐, 여기서 쉬었다 가자."

스키힐을 지나는 등반대. 이곳에서 한 시간쯤 가면 모터사이클힐 캠프다.

나는 세중과 지우에게 그때의 상황에 대해서 얘기했다.

나는 디날리 첫 등반 때 미국 시애틀 레이니어산 근처에 있는 상업 등반 회사에서 조직한 원정대에 참가했다. 등반대는 유럽에서 온 대원 5명과 나, 그리고 미국 가이드 2명 등 모두 8명이었다. 그때 나는 바로 이 자리에서 무너졌다. 배낭과 썰매에 실린 짐을 이기지 못한 것이다. 부드러운 경사였는데도 하체는 흐느적거리기만 했다. 어느 순간 나도 모르게 스르르 주저앉고 말았다. 정신은 말짱했다. 무너지는 내 모습이 비디오 화면처럼 보였다. 호흡을 가다듬고 일어났지만 더 걸을 수 없었다.

몇 년 전 낙상으로 오른쪽 골반 뼈가 부러져 철심으로 고정시키는 수술을 받았는데, 그 부분이 문제가 되었다. 뼈가 어긋났는지, 뼛속의 못이 빠졌는지 보려고 바지를 내리는데, "오 마이 갓!" 가이드가 먼저 놀란다. 대원들도 놀라 입을 다물지 못한다. 간신히 신음을 참으며 보니 다행히 뼈는 그대로고 철심도 빠진 것 같지 않았지만 손바닥만 한 검붉은 피멍이 든 상태다. 고개가 돌려졌다. 보기 싫었다. 아픔보다 슬픔이 더 컸다. 그냥 눈물이 핑 돌았다. 더 이상 올라갈 수 없다는 것을 직감했다. 어떻게 해서든 계속 간다 해도 다른 대원들에게 피해를 주게 될 것이 뻔했다. 포기를 결심하는 것과 동시에 집 생각이 났다. 식구들 얼굴이 떠올랐다.

돌아가겠다고 선언했다. 가이드는 침묵했지만 동료들은 "계속 가자.", "내가 돕겠다.", "나도 돕겠다."고 나섰다. 무척 고마웠지만 결심을 바꾸지 않았다. 이 상황에서 인내나 오기는 무모함의 다른 표현이라는 걸 내가 가장 잘 안다. 그들에게 말했다. "그냥 가는 게 아니다. 또 오기 위해 간다. 행운을 빈다."

대원 세 명이 랜딩 포인트까지 나를 돌보며 배웅했다. 내가 비행기에 탑승하고 이륙할 때까지 기다렸다가 "굿바이!"를 외치며 손을 흔들었다. 분명히 '굿바이'였다. 내 마음 한 구석은 그렇지 못했지만.

홀로 비행기에서 정상을 보았다. 영화 〈바람과 함께 사라지다〉의 마지막 대사가 떠올랐다. '내일은 내일의 태양이 떠오른다 Tomorrow is another day.' 그렇다. 태양은 내일 또 뜬다.

'내 기쁨을 등에 지고 가는 사람'

나의 짧은 모노드라마가 끝난 다음 지우가 묻는다.

"형, 어떤 사고였어? 그런데 그동안 어떻게 산에 다녔지. 지금 괜찮아?"

"뭐 자랑이라고…. 봐. 나 이렇게 멀쩡해."

사고 당한 골반 오른쪽 뼈는 못 쓸 정도는 아니지만 장시간 힘을 쓰기에는 무리다. 왼다리에 힘이 더 가게 되므로 이에 따른 체력 손실도 무시할 수 없다. 그래서 나는 다른 사람보다 더 체력 훈련을 한다. 그래도 같은 체력의 다른 사람들보다는 임계점이 낮을 수밖에 없다. 낙타의 허리를 부러뜨리는 것은 바늘 하나라고 하지 않는가.

어차피 쉬는 중이고 이왕 말이 나온 김에 모노드라마의 배경 설명을 추가한다. 몇 년 전, 크리스마스를 앞둔 연말 세일즈 시즌이었다. 쇼핑 센터 주차장에서 높이 6m 정도의 가로등에 크리스마스 장식을 달다가 콘크리트 바닥으로 떨어져 남가주대학USC 부속병원 응급실로 실려 갔다. 갈비뼈 6대가 부러졌고, 오른쪽 골반은 깨진 유리 접시처럼 중상을 당해 철심으로 얼기설기 짜 맞추었다.

충격을 받은 심장에 피가 고여서 가슴을 열어야 하는 심장 수술 직전까지 간 사고였다.

새벽녘 수술실이었다. 수술은 잘 된 것 같았다. 극락일까 천당일까. 둥둥 떠다니는 기분이었다. 마취가 아직 풀리지 않았다. 마약을 했을 때의 환각 상태가 이럴까 싶었다. 수술실에서 병실로 옮겨 왔는데, 병실의 모습이 갱 영화의 한 장면 같았다. 두 명의 환자가 있었다. 한 명은 한쪽 손목에 수갑이 채워져 철제 침대에 묶여 있고 한쪽 발목도 쇠사슬로 묶여 침대에 연결돼 있었다. 다른 한 명은 무장 경찰 둘로부터 감시와 보호를 함께 받고 있었다. 경찰 한 명은 총구를 환자에게 겨누고 있었고, 다른 한 명은 환자가 살해당할까 봐 주변을 살피고 있었다. 둘 다 중환자에 중범죄자였던 것이다. 아내는 공포에 질려 하루를 못 채우고 나를 다른 병원으로 옮겼다.

"하이! 미스터 크리스마스 페이선트."

의사, 간호사 그리고 내 병실 주변의 환자들은 새로 온 나를 '크리스마스 환자'라고 불러 주었다. 내가 크리스마스 장식물을 전봇대에 달다가 떨어진 환자라는 소문이 이미 퍼져 있었다. 모두들 친절했다. 의사들이 봉합한 수술 부위를 열고 치료할 때, 넓적한 빈대떡 크기의 엉덩이 살점과 하얀 뼈와 철심을 보면서도 아프다는 느낌이 없었다. 진통제와 항생제의 효과였겠지만 주변의 친절도 고통을 덜어 준 것 같다. 불행이 가져다준 뜻밖의 행복감이었다. 그런 친절과 환대의 경험이 까무러치는 게 뭔지, 죽는 게 뭔지도 모르고 열심히 이 산 저 산을 다니게 한 힘이 되지 않았을까 하는 생각도 든다. 힘들지 않은 산은 없다. 하지만 즐겁고 재미있는 여행처럼 여기려고 노력했다.

"그랬군요. 이따금 멈춰서 오른 다리를 흔드는 모습을 봤어요. 왜 저러나 했는데 그런 일이 있었군요."

산행 중 2시간 이상 걷거나 배낭이 무거우면 오른쪽 골반이 아프다고 신호를 보낸다. 그럴 때는 멈춰 서서 무릎을 직각으로 올리고 좌우로 흔들어 주면 정상으로 돌아온다.

"형, 지난 실패 때 울었다고 했죠. 이번에도 울어요. 정상 가서."

참 고마운 친구들이다. 아메리카 인디언들은 친구를 '내 슬픔을 등에 지고 가는 사람'이라 말한다. 나에게 세중과 지우는 '내 기쁨을 등에 지고 가는 사람'이다.

매킨리에서 디날리까지, 알래스카 원주민의 소외

디날리는 한동안 매킨리로 불렸다. 디날리는 알래스카 원주민의 언어로 '가장 높고 큰 산' 혹은 '위대한 산'이라는 뜻이다. 그런데 이곳에서 금광을 찾던 프린스턴 대학 출신의 광산업자 윌리엄 디키가 1896년 당시 공화당 대통령 후보로 지명된 윌리엄 매킨리의 이름을 따서 '매킨리산'으로 명명했다. 이후 1917년에 이 일대를 미국 연방 정부에서 '매킨리 국립공원'으로 지정했고, 1980년에 '디날리 국립공원'으로 이름을 바꾸었다. 하지만 공원의 심장인 디날리는 매킨리라는 이름을 고집했다. 매킨리의 출신지인 오하이오주에서 반대했기 때문이었다. 알래스카 원주민들은 본래 이름으로 되돌릴 것을 강력하게 주장했다. 마침내 2015년 오바마 대통령이 원주민들의 뜻을 받아들여 디날리로 이름을 되돌렸다.

알래스카는 원래 아메리카 인디언으로 불리는 원주민들의 땅이었다. 이들은 마지막 빙하기에 현재의 베링 해협이 육지로 연결되었을 때 알래스카로 건너왔다. 이견이 있지만 약 1만 2천 년 전후로 추정한다. 이들은 차츰 따뜻한 곳으로 이동하여 남북아메리카 전역으로 퍼졌다.

최초의 알래스카 원주민이 아메리카 원주민의 공통 조상인 것이다. 이들은 알래스카에서만도 수백 개의 집단으로 분화했다. 흔히 알래스카 원주민 하면 에스키모를 떠올리지만 그들 이누이트는 알래스카 최북단에서만 산다. 알류산 열도의 알류트, 중동부의 아스바스칸, 북서부의 유피크, 남동부의 틀링깃 등이 대표적인 원주민 집단이다.

알래스카에 본격적으로 발을 들여 놓은 최초의 서구인은 러시아 사람이었다. 러시아 황제 표트르의 의뢰로 덴마크 태생의 비투스 베링이 1732년 알래스카를 발견했고, 1741년에 러시아령으로 편입됐다. 이후 1867년 720만 달러에 미국이 사들여 19세기 말에는 골드러시를 이루었다. 1959년 미국의 마흔아홉 번째 주가 되었다. 미국의 역외주인 알래스카의 면적은 미국 본토에서 가장 넓은 텍사스의 두 배가 넘는다. 미국 정부는 본토의 인디언에게 하듯이 알래스카 원주민을 잔혹하게 대하지는 않았다. 서부 개척이 한창일 때도 그들의 프론티어가 아니었기 때문이었다. 1960년대 말 알래스카에서 석유 개발이 시작되면서 원주민들은 땅에 대한 권리를 주장했다. 1971년에 닉슨 대통령은 17만 8천 ㎢의 땅을 원주민들에게 돌려주는 법안에 서명했다. 현재 알래스카의 인구 73만여 명 가운데 약 15%가 원주민이다.

이틀 거리를 하루에

다시 힘을 낸다. "짜잔!" 지금 우리는 어릴 때 동무 같다. 자연의 품에서 나이 차이는 별 의미가 없다. 예상보다 많이 올라 2,900m 지점에 도달했다. 고도 400m만 올리면 모터사이클힐^{3,300m}이다. 보통 스키힐^{2,200m}을 캠프1으로 삼는데 우리는 그 지점을 그냥 통과했다. 이틀 걸리는 거리를 하루에 마친 셈이다.

텐트를 치고 저녁 준비를 한다. 지우가 섞어찌개를 끓였다. 요리 솜씨도 대단하다. 새 한 마리가 세중의 등산모에 앉아 떠나지 않는다. 환기구로 텐트 지퍼를 조금 열어 두었는데 그 틈으로 들어왔다. 아마도 이 새는 사람에 대한 경계심을 배우지 못한 것 같다. 어쩌면 이 새는 신석기 시대의 새보다 더 순진할지도 모르겠다. 새까지 넷이서 담소를 나눈다.

"힘은 들었지만 행복한 산행이었다."

"등산이 고행인 것은 분명하지만 그것이 나를 성숙시키는 게 아닐까?"

"이 큰 산이 지금 우리 집이야. 재벌이 이렇게 큰 정원을 누릴 수 있을까."

등반 첫 날, 백야의 밤이 환하게 깊어 간다.

"와아! 하얀 벌판에 보석이 뿌려졌네"

세중이 눈 녹인 물로 밥을 짓는다. 디날리에서 자연 보호에 더 신경 쓰는 이유 중 하나가 눈을 녹여 식수를 만들기 때문이다. 대변통은 따로 있다. 오줌도 함부로 누지 않는다. 누군가 오줌을 눈 곳에 보이면 그곳에서 볼일을 보는 것이 디날리에서의 매너다. 지우는 스키를 점검하고, 나는 썰매 바닥에서 너덜거리는 스토퍼를 밀착시킨다.

스키힐 중간 지점 야영 텐트에 새 한 마리가 들어와 세중의 머리에 앉았다.
이곳의 새는 사람에 대한 경계심이 없다.

해가 중천인 오전 10시에 느지막이 출발한다. 스키어들이 구름을 타듯이 스키를 즐기는 모습이 보인다. 새처럼 날며 점프하는 솜씨가 볼 만하다. 규칙이나 공간의 제약을 받지 않는 해방감과 스릴을 만끽하는 모습이다. 하지만 그 모습을 넋 놓고 보며 즐길 수는 없다. 크레바스가 곳곳에 도사리고 있기 때문이다. 특히 살짝 크레바스를 메운 스노브릿지를 밟았다가는 동료들의 목숨까지 위태롭게 할 수 있다. 오후 5시께 모터사이클힐에 도착해 텐트를 친다.

일찍 도착했고 그렇게 피곤하지도 않으니까 내일 지나가야 할 경사도$^{30~50도}$가 높은 비탈까지 고소 적응차 올라갔다 오자고 한다. 지우의 제안이다. 1시간 정도 오르자 눈 아래로 그림 같은 설경이 펼쳐진다. 삼면이 하얀 산으로 둘러싸인 설원에 알록달록하게 수놓은 텐트들이 아름답다.

"와아! 만년설 벌판에 보석이 뿌려졌네."

세중의 탄성이다. 자연 속 사람의 풍경이 아름다우려면 넘치지 않아야 한다.

세상에서 가장 아름다운 설산, 디날리

일어나 먹고 등반하고 잠자고, 또 먹고 걷고 잠자는 나날의 반복이 원정 산행의 패턴이다. 그러면서 피로가 쌓이고 고도가 높아지면 짐이 더 무겁게 느껴지고 매 순간이 위기인 상황이 온다. 그럴 때 날씨라도 나빠지면 언제든 패닉 상태에 빠질 수 있다.

진하게 끓인 된장찌개에 고추장, 베이컨을 곁들여 저녁을 먹은 다음 지우가 제안한다. 앞으로 점점 힘들어질 거고 마침 내일은 날씨도 안 좋을 것 같으니 쉬는 날로 하자는 것이다. 동의하지 않을 이유가 없다. 지금까지 날씨가 좋아서 큰 고생은 하지 않았지만 언제 돌변할지 모른다. 북극점에서 약 322km 떨어진 디날리는 베링 해협과 알래스카만에서 불어오는 강한 바람으로 언제 날씨가 급변할지 모른다. 강한 바람과 눈보라가 만들어 내는 화이트아웃은 늘 염두에 두어야 할 위험 요소다.

하루 쉬기로 하니까 마음이 느긋해지는데, 세중과 지우가 귓속말을 나눈다. 듣자 하니 내일 무작정 쉬지는 말고 앞으로 지나야 할 윈디코너^{4,800m} 아래에 식량과 장비를 저장하고 오자는 것이다. 그러면서 나에게 자기들 둘만 바람 쐴 겸 다녀올 테니 쉬고 있으라고 한다. 눈물 나도록 고마운 배려이긴 하지만 그대로 받아들일 수는 없다. 정말 그렇게 한다면 내 얼굴은 벼룩처럼 되고 말 것이다. 여기까지 배낭만 지고 온 것만도 황송할 노릇인데.

"무슨 말씀을 그렇게 섭섭하게 하시나. 나, 멀쩡해. 함께 갈 거야."

밤 9시가 넘었는데도 대낮이다.

"여기가 북극에 가깝다는 걸 확실하게 느껴. 2,000m^{랜딩 포인트} 아래까지 만년설이야."

세중의 말에 지우가 자신의 느낌을 보탠다.

"산들이 한결같이 흰색이어서 비슷해 보이지만 하나하나 보면 다들 특징이 있어."

"구름에 가려 다 볼 수 없어서 그렇지 올라갈수록 능선과 계곡의 비경이 장관일 거야."

"그렇겠지. 정상에 오르면 그 모든 것을 볼 수 있을 거야."

둘의 대화는 성큼성큼 디날리 정상으로 오른다. 에베레스트, K2, 로체 등 히말라야의 8,000m급 고산 등반으로 다져진 이들이다. 산 보는 눈도, 몸도 다르다. 낮엔 힘들다고 끙끙거리더니 지금은 평지에서처럼 활기차다.

많은 산악인들이 디날리를 세상에서 가장 아름다운 설산이라고 말하기를 주저하지 않는다. 넓은 빙하를 배경으로 솟은 봉우리들이 저마다 독립성을 유지하면서도 하나로 어우러진 모습이 비현실적일 정도로 아름답다. 아이들이 하얀 도화지 위에 상상하는 대로 그린 산의 모습이 그대로 펼쳐지는 곳이 디날리다.

툰드라를 내려다보며 즐기는 엉덩이 스키

밤은 없는 듯 짧게 지나가고 어느새 아침이다. 어제 계획한 대로 윈디코너 아래에 짐을 저장하고 오기로 한다. 스키가 눈이 깊은 설사면에서 오히려 거추장스럽다. 짐의 하중에 스키가 빠져 숫제 애물이 된다. 스키를 벗어 나중에 찾기 쉽게 반은 보이도록 세워서 묻는다. 크램폰으로 갈아 신자 몸놀림이 한결 가볍다. 바람이 눈을 쓸어 간 자리엔 청빙이 드러나 있다. 깊고 푸른 속살이 블루 다이아몬드 빛깔보다 진하다.

이제 고소 적응을 위해 올랐던 능선까지 한 시간 조금 더 걸렸다. 세중과 지우 모두 힘들다며 혀를 내두른다. 내 짐까지 졌으니 그럴 수밖에. 다음 오르막을 지나 능선에 오르자 아래로 시야가 활짝 열린다. 산 아래 멀리 툰드라까지 보인다. 일기예보는 빗나갔다. 과학의 한계라기보다는 자연의 조홧속이 과학의 첨단보다 훨씬 깊다고 이해해야 할 것이다.

식량 저장^{Cache}작업을 끝내고 가벼운 몸으로 내려오는데 올라올 때보다 신경이 더 쓰인다. 크램폰이 청빙에 미끄러지기도 한다. 능선 아래로 낭떠러지가 까

나의 등반 파트너 지우와 세중이 모터사이클힐에서 이어지는 설사면을 오르고 있다.
상당히 경사가 가파르다.

마득하게 깊다. 올라올 때 본 회색빛 툰드라뿐만 아니라 도시도 아득하다. 어디일까 자세히 살피고 싶어도 발을 헛디딜 것 같아서 겨를이 없다. 능선을 벗어나자 눈 아래로 모터사이클힐의 캠프가 보인다. 세중이 보석 같다고 표현한 곳이다. 내리막의 경사는 대략 30~50도 정도로 가파르다. 걸어갈까? 타고 갈까? 잠시 망설인다. 세중과 지우는 스키를 타듯 두 다리로 버티며 미끄러져 내려간다. 나는 그렇게 할 자신이 없어 엉덩이 스키를 탄다. 두 사람은 피켈을 눈 바닥을 찍고 끌면서 스피드를 조절하고 밸런스를 유지한다. 고꾸라지면 사진을 찍어 놀려 주려 했지만 절대 그런 일은 벌어지지 않는다. 1시간은 걸어야 할 내리막을 채 5분도 안 걸려 내려왔다.

경사가 심한 눈길에서 미끄러지며 걷기는 본능적으로 나오는 행동이다. 재미있기도 하지만 쉽고 편하다는 걸 몸이 알기 때문이다. 등산 용어로는 글리세이딩Glissading이라 한다. 등산화 바닥으로 미끄럼을 타면서 활강하는 테크닉이다. 스키 타는 자세로 내려가는 것을 스탠딩 글리세이딩, 나처럼 엉덩이로 제동하며 미끄러지는 것을 시팅 글리세이딩이라 한다.

까마귀에게 식량을 도난당하다

오늘 목적지는 디날리 시티로 불리는 바신캠프^{4,330m}다. 윈디코너로 향하는데 까마귀들이 보인다. 어제 캐시한 지점에 이르자 식량이 눈밭에 흐트러져 있다. 까마귀들이 한 짓이다. 1m 깊이로 깊숙이 파묻지 않은 것이 문제였다. 디날리 까마귀의 음식 절도 솜씨는 익히 들어서 알고 있었지만 이 정도일 거라고는 생각하지 못했다. 까마귀들은 우리를 보고는 주둥이에 음식을 물고 슬금슬

모터사이클힐 캠프. 위에서 내려다보며 설원에 뿌려진 보석 같다고 감탄했던 곳이다.

톱날 같은 설릉과 암벽 사이의 작은 협곡을 빠져나와 윈디코너를 향해
설원을 지나는 등반대.

금 피한다. 미처 제 몫을 챙기지 못한 까마귀들은 고성을 지르며 성질을 부린다. 고산은 공기가 희박해서 짐승이 살기 힘들지만 까마귀는 유별나다. 에베레스트의 경우 7,000m 높이까지 등반객을 따라온다. 이곳은 산 전체가 활동 무대일 것이다.

한국에서는 까마귀 소리를 불길한 징조로 여기지만 꼭 그렇게 생각할 건 아니다. 나는 자주 들어서 까마귀의 언어(?)를 조금 안다. 우리 집 뒤뜰에 큰 소나무가 있는데 까마귀들이 하루에도 몇 번씩 찾아온다. 까마귀 울음소리는 우리가 흔히 생각하는 것보다 훨씬 다양하다. 기분 나쁠 때는 괴성을 지르지만, 좋을 때는 부드럽고 감미롭다. 이성을 유혹하는 소리는 간드러진다. 아주 듣기 좋다. 까만 색깔도 자세히 보면 오묘한 빛을 머금고 있다.

까마귀와 먹을 걸 나누고(?) 흐트러진 찌꺼기를 정리한 다음 윈디코너로 향한다. 윈디코너를 지나면 바신캠프가 나온다. 윈디코너는 바람이 심하게 불어서 붙은 이름이다. 복서가 상대를 링 코너에 몰고 펀치를 날리듯이 바람이 몰아치는 곳이다. 그런데 지금은 바람이 잠잠하다. 많은 사람들이 바위에 앉아 먹고 쉬느라 떠들썩하다.

우리 팀도 그들과 섞인다. 옆자리의 영국인들과 이런저런 산행담을 나누다가 우리 셋은 이미 에베레스트를 등정했다니까 깜짝 놀란다. 세중이 나를 가리키며 에베레스트뿐만 아니라 아콩카과, 빈슨, 킬리만자로, 엘브루스 등 7대륙 최고봉 가운데 5대륙 정상을 올랐다고 소개한다. 그들의 태도가 싹 바뀌면서 예의가 깍듯해진다. 내년에 에베레스트 원정 계획이 있다며 질문을 퍼붓고는 자기들 멋대로 우리를 향해 카메라 셔터를 눌러 댄다. 그 중 한 명이 갑자기 일어나더니 큰 소리로 외친다.

"여러분, 잠시 제가 한 말씀 드리겠습니다. 이 자리에 놀라운 산악인이 있습니다. (…) 7대륙 최고봉 중 5대륙 정상을 이미 등정했습니다. 60대 탐험가 이성인을 소개합니다."

모두 일어서서 내게 박수를 보낸다. 얼떨결에 영웅이 됐다. 영미권 사회는 사람을 깎아 내리기보다는 치켜세우는 것을 좋아한다. 평범한 사람을 잠깐 사이에 영웅으로 만들고는 자신들이 영웅이 된 듯 즐거워하는 것이다. 작년 여름 미국 본토의 최고봉인 휘트니 정상^{4,421m}에서도 여러 명의 사람들로부터 뜻밖의 박수를 받으며 깜짝 영웅이 된 적이 있었다. 등정하고 하산 중인 그 영국인들은 "안녕!", 우리는 "굿바이!"로 작별한다. 영국인들의 "안녕!"이라는 인사는 조금 전에 우리가 가르쳤다.

만남의 광장, 디날리 시티

디날리 시티에 입촌한다. 사람들이 북적거린다. 전망이 빼어나다. 못자리로 치면 명당이다. 좌 헌터봉^{4,441m}, 우 포레이터봉^{5,304m}, 후 헤드월^{4,900m}.

"형, 지금 풍수 얘기할 때야."

나의 헛소리에 세중이 핀잔을 놓는다. "미안." 즉각 사과한다.

헬리콥터가 요란한 소리를 내며 이륙한다. 헤드월 위쪽 하이캠프로 가는 능선에서 한 클라이머가 추락하여 중상을 입었다고 한다. 레인저의 말에 따르면, 다행히 지나던 사람이 발견하고 구조 요청을 했다고 한다.

추워지기 전에 눈구덩이를 파고 바람막이 설벽을 쌓고 텐트를 쳐야 하는데

썰매를 지고 윈디코너를 지나는 클라이머들.
디날리 시티에 짐을 보관해 놓고 모터사이클힐로 되돌아가는 길이다.

보통 일이 아니다. 혹시 쓸 만한 빈 곳이 있나 두리번거린다. 입구가 허물어졌
지만 괜찮은 자리를 찾았다. 짐을 풀고 있는데 한국에서 온 팀이 우리 말 소리
를 듣고 찾아왔다. 통성명을 하다 보니 그 중 한 명이 《산》이라는 산악 전문 월
간지의 H기자라고 한다. 그들은 등정 후 하산 길이었다. 음식이 남았다며 우리
에게 나누어 준다. 우리 식량을 까마귀들과 나눠 먹기 잘했다 싶다.

　디날리 시티는 만남의 광장 같다. 또 아는 사람을 만난다. 변소 앞에서 순서
를 기다리는데 뒤에서 누가 "헬로, 성!" 하고 부른다. 지난겨울 빈슨에서 함께
등반했던 리차드다. 뜻밖의 만남이어서 더 반가웠다. 변소 앞에서 한참 동안 얘
기를 나눈다. 혼자 왔다면서, 단독 등반에 대한 규제가 거미줄처럼 촘촘하고 까
다로워 힘들었다고 투덜거린다. 밋밋했던 빈슨 등반보다는 설사면, 능선, 빙원
등 산세가 역동적이어서 재미있었다면서 어려운 곳은 없으니 걱정하지 말라고
한다. 어제 등정하고 오늘 여기에 내려왔는데 내일 랜딩 포인트로 떠난다고 한
다. 알프스에 오면 함께 여행^{동반}하자면서 작별의 아쉬움을 달랜다. 그는 영국인
인데 직장이 있는 빈에 거주하면서 매년 일정 기간 오스트리아 지역의 알프스
구조대원으로 자원봉사하고 있다.

　저녁을 지어 먹고 나니까, 하루가 갔다. 자정이 지났는데도 낮이다. 새벽 1
시에 잠자리에 드는데 두통과 구토 증세 같은 고소증으로 뒤척인다.

디날리 등반의 어려움

디날리의 까다로운 등반 룰에 대해 볼멘소리를 하는 사람이 한둘은 아니다. 어
떤 경우든 불만 표출은 대체로 과장되게 마련인데, 간혹 어떤 산악인은 디날리

등반이 에베레스트보다 힘들고 어려울 수 있다고 말한다. 두 산을 모두 등반한 내 경험에 비추어 볼 때, 과장이다. 디닐리는 기술적 어려움보다 육체적으로 힘든 것이 더 문제가 되는 산이다. 물론 극한 상황에서는 '힘들다/어렵다'의 경계가 모호하긴 하다. 이런 점을 감안해도 기술적 능력보다는 지구력과 인내력이 더 필요한 산이 디닐리다. 그렇다고 해서 아주 터무니없는 과장은 아니다. 다음과 같은 이유에서다.

북위 63도에 위치한 디닐리는 북반구에서 가장 추운 곳이다. 관측된 최저 기록은 영하 74도인데 실제로 얼마나 추운지는 아무도 모른다. 한여름에도 하이캠프와 정상의 온도 차는 30~40도 정도이고 바람도 강하다. 일기 변화가 심하여 화이트아웃은 예사다. 북극권이어서 기압이 낮기 때문에 히말라야의 7,000m와 산소량이 비슷하다. 베이스캠프와 정상의 표고차는 3,994m로 에베레스트 북동릉의 표고차 3,749m보다 높다.

유명 산악인이 디닐리에서 유명을 달리한 것도 디닐리가 어려운 산이라는 이미지를 강화했다. 1977년 한국인 최초로 에베레스트를 올랐던 고상돈은 1979년 디닐리 등정 후 하산 길에 사망했다. 1970년에 에베레스트를 올랐고, 같은 해에 디닐리 하계 단독 등반에 성공한 일본의 전설적인 산악인 우에무라 나오미는, 1984년 동계 단독 등정 후 영원히 디닐리와 함께하는 운명을 맞이했다.

디닐리가 쉬운 산이 아닌 건 사실이다. 하지만 에베레스트와 견줄 수는 없다. 그렇게 느껴지는 건 이미 얘기했듯이 셰르파나 포터 같은 조력자 없이 모든 것을 등반자들이 책임져야 하는 등반 환경이 핸디캡으로 작용하기 때문이다. 바로 이런 점을 높이 사는 산악인들도 있다. 디닐리는 사람값을 제대로 쳐주는 산이다. 프로와 아마추어에게 똑같은 룰을 적용한다.

디날리 시티에서 디날리 빌리지로

하이캠프^{5,200m}까지 가는 날이다. 지난밤의 고소증은 사라졌다. 하이캠프는 디날리 빌리지라고도 불린다. 디날리 시티에서 2.4km 정도인데 표고차는 910m나 되므로 상당히 가파르다. 지우가 하이캠프에서 먹을 식량 네 끼를 챙긴다. 오늘 저녁, 내일 아침과 저녁, 그리고 모레 아침용이다. 만약에 대비해서 한 끼를 더 챙길까 망설이다가 그만두는 눈치다. 배낭 무게를 줄이기 위해서라기보다는 등정을 확신하는 것 같다. 한편으론 나를 의식했을지도 모르겠다. 식량으로 배수진을 친 것일 수도 있다는 얘기다. 어쨌든 꼭 등정해야 한다. 못하면 디날리 시티까지 내려왔나가 다시 올라가야 한다. 그러면 스케줄이 어긋난다. 세중과 지우의 귀국일자도 문제지만 나 때문에 이들의 등반 이력에 먹칠을 하게 된다.

가장 힘든 구간인 헤드월$^{Head\ Wall,\ 4,940m}$은 예상대로 정체 상황이다. 600m에 이르는 설벽인데 기울기가 50~60도 정도다. 어떤 곳은 심리적으로 직벽처럼 느껴진다. 고정 로프 곳곳에 매달려 쉬는 클라이머가 많아서 등반 흐름이 지체된다. 그래서 인원이 많지 않아도 정체가 생기는 것이다. 오늘도 그렇게 많은 인원은 아니다. 고정 로프는 상하행이 색깔로 구분되어 있다. 상행 하행 고정 로프 모두 팽팽하다. 쩔쩔매는 클라이머가 한둘이 아니다. 오르는 시간보다 쉬는 시간이 더 길다. 모두들 거친 숨을 몰아쉰다. 우리도 그 흐름을 탄다. 쉬는 시간이 길어지는 덕분에 아래로 디날리 시티 캠프촌의 아름다운 모습과 그 뒤

디날리 시티의 레인저 텐트. 디날리 등반의 중간 지점이다. 휴식을 취하며 체력을 보충한다.
이곳에서부터는 썰매를 이용하지 않는다.

로 웅장하게 솟은 헌터봉과 포레이커봉을 느긋하게 감상한다. 시간이 오래 걸리긴 했지만 힘든 줄 모르고 헤드월을 올랐다.

헤드월에서 비탈을 올라 설릉에 선다. 웨스트 버트레스 능선이다. '여기까지 올라온 너는 최고!'라는 듯 엄지를 세운 바위가 반긴다. 디날리 등반객들은 이 바위를 '엄지바위'라고 부른다. 세운 주먹에 엄지처럼 삐죽이 튀어나온 모양이긴 한데, 엄지바위라고 이름 붙일 정도는 아니다. 하지만 중요한 건 닮은 정도가 아니라 누구나 그 바위를 그렇게 생각한다는 점이다. 그러면서 위로를 받고 용기를 얻는다. 애니미즘의 전형이다. 원시인들의 사고와 별로 다를 게 없다. 좋은 옷을 입었다는 점만 빼면, 대자연 앞에서 현대인의 육체는 원시인과 같거나 오히려 열등하다. 여기서 원시인과 현대인의 차이가 선명해진다. 원시인이라면 디날리의 정상에 오르는 일은 절대 하지 않을 것이다. 아무짝에도 쓸모없는 일이기 때문이다.

등반의 본질적 가치는 '쓸모없음'에 있다는 점에서 예술의 본질과 닮았다. 순수 예술일수록 쓸모없음에 집착한다. 현대적 등반이 추구하는 가치는 인간 스스로 극한까지 나약한 상태로 몰고 가는 데 있는 것인지도 모르겠다. 특히 디날리는 철저히 그것을 요구한다.

능선의 기슭이 가파르다. 며칠 전 헬기로 구조된 어느 클라이머가 추락한 지점인 듯하다. 계곡의 깊이가 아찔하다. 안자일렌을 확인한다. 지우가 앞에서 리드하고 내가 중간이다. 세중이 뒤에서 나를 돌보며 따른다. 서로 몸을 묶은 로프가 얼음 바닥에서 스륵스륵 소리를 낸다. 우리가 운명 공동체임을 상기시키는 소리다. 지우와 세중은 평지를 걷는 듯 설경을 즐긴다. 수시로 멈춰 서서 산세를 살피며 풍경을 감상한다. 어떤 경우에도 집중력을 잃지 않는 그들이 이렇게 경치에 빠진 모습은 처음이다. 나와 달리 무섭지 않은 모양이다. 이곳의 풍광은 선경이다. 나는 사진 찍기에 바쁘다. 본인들이 알든 모르든 그들의 모습을 카메라에 담는다. 언제 이런 설경을 또 볼 수 있을까. 날씨도 도와준다. 하늘은 맑고 바람은 잠잔다. 먼 곳의 도시들도 디날리의 품안이다. 토키나와 바실라, 멀리 손바닥보다 작게 보이는 곳은 앵커리지 같다

"웰컴!", "굿럭!"

하이캠프에 도착했다. 9시간 걸렸다. 일반적 상황의 평균보다 지체됐지만 준수한 편이다. 하이캠프는 디날리 빌리지라는 애칭답게 아늑한 설원의 캠프촌이다. 캠프는 한산하다.

　"웰컴!"

　3~4인용 텐트 안에서 지퍼가 반쯤 열리며 누군가 얼굴만 내민다. 레인저라고 밝히며 원정대 명칭을 묻는다. 짜잔^{ZAZAN}이라고 하자 클라이머 연명부를 살펴본다. "헬로! 미스터 이, 미스터 리, 미스터 김." 우리들 이름을 하나하나 부르며 환영한다. 내일 정상에 간다고 하니까 날씨가 안 좋을 것 같다며 날씨가 좋아질 때까지 기다릴 것을 권유한다. 매우 기계적인 톤으로 내일 안개가 끼겠고, 바람이 예상되며, 모레는 기온이 뚝 떨어지니 조심하라고 일러 준다. 이것으로 자기 임무는 끝이라는 듯 텐트 지퍼를 올리면서 "굿럭!" 하는 목소리만 남긴다.

　디날리의 일기예보에 관한 농담이 있다. '때로는 맑고, 때로는 흐리고, 때로는 눈이 온다'는 것이다. 베링해와 알래스카만에서 불어오는 바람이 디날리에

버트레스 능선.
　디날리 등반 중 경치가 가장 빼어난 곳이다.

서 수직 상승하면서 급변하는 날씨를 만든다.

지난 며칠간 연일 맑고 푸근했다. 지금도 쾌청하다. 예보는 틀릴 가능성을 전제한다. 내일도 그렇게 되기를 기대한다.

"빨리 갔다 와서 맥주 마셔요."

간밤에 기온이 곤두박질쳤다. 밤부터 시작된 안개는 아침이 되어도 가시질 않는다. 일기예보는 적중했다. 바람이 없다는 게 그나마 다행이다. 날씨가 좋아지길 기대하며 정오 가까이 기다려 봐도 변화가 없다. 생각이 비틀거린다. 올라갈까 말까. 등반 7일째다. 오늘 올라야 계획대로 된다. 서둘러 가자는 쪽으로 의견이 일치된다.

등반 고도 940m, 왕복 거리 8km. 시간 부족은 걱정거리가 아니다. 밤에도 밝다. 등반 시간은 악천후를 감안해서 상행 9시간, 하행 5시간 총 14시간으로 넉넉히 잡았다. 늦어도 내일 새벽 2시까지는 내려올 수 있을 것 같다.

"아, 시원한 맥주 마시고 싶어. 빨리 갔다 옵시다."

세중의 마음은 벌써 랜딩 포인트에 내려가 있다. 정오에 맞춰 출발한다. 15m 간격으로 안자일렌을 했다. 세중이 앞, 지우가 뒤다. 디날리 빌리지의 설원을 가로질러 디날리 패스로 향한다. 디날리 패스에는 고정 로프가 없지만 무리 없이 경사면을 올랐다. 패스에 오르자마자 강풍이 몰아친다. 주춤기린다. 뚫고 가야 하나 멈추어야 하나. 세중과 지우의 걸음에서 망설임이 느껴진다. 지금까지 나는 아무런 주장도 하지 않았다. 이번엔 내가 나서야 할 것 같다. 둘의 망설임에는 나의 안전에 대한 고려가 대부분일 것이기 때문이다.

"계속 가자!" 세중은 뜻밖인 듯 의아해했지만 곧 내 컨디션이 괜찮다는 뜻으로 받아들인다. "알았시유." 일부러 과장한 충청도 억양이 분위기를 녹인다. 하지만 안개는 더 짙어진다. 거의 화이트아웃 상태다. 눈발까지 더해진다. 로프 감각만을 눈과 귀로 삼아 하얀 어둠을 헤쳐 나간다. 안개보다 짙은 불안감이 밀려온다. 안개 속으로 멈추어 선 등반대가 보인다. 피그힐Pig Hill이다. 정상이 얼마 남지 않은 곳이다. 어떤 팀은 등반을 포기하고 돌아선다. 거의 다 왔는데 포기할 정도면 심하게 지친 상태라는 뜻이다. 어렴풋이 보이는 동작은 매우 느리고 불안정하다. 남의 일 같지 않다.

날씨가 좋다면 정지된 파도 모양의 코니스로 이루어진 정상 직전 능선이 코앞일 텐데, 천 길 낭떠러지 앞에 선 것처럼 막막하다. 셋이 한 곳으로 모인다. 미팅을 하려는 의도인데 누구도 선뜻 의견을 내지 않는다. 갈까, 말까. 침묵의 미팅이 한동안 이어진다. 마침내 세중이 침묵을 깼다.

"가야지. 정상이 바로 앞이야."

조금 전의 충청도 말투가 아니다. '아자!' 하고 지우가 쐐기를 박는다. 내 생각도 같다. 하얀 장막을 열고 눈보라를 가른다. 피그힐을 뒤로 하고 눈비탈을 치고 오른다. 역시 전문가들은 다르다. 일단 결심하자 저돌적일 만큼 과감하다. 열심히 따른다. '등정하는구나' 하는 생각이 손발의 말초까지 퍼진다.

능선에 올라섰다. 완만하지만 조금이라도 옆으로 벗어나면 죽음으로 가는 문이다. 능선 양쪽은 낭떠러지이므로 특히 크램폰 보행에 신경 써야 한다. 지친 상태에서 크램폰에 걸려 고꾸라지거나 넘어져 사고를 당할 수 있다. 통계로 밝혀진 건 없지만 고산 등반 사고사 가운데 상당 부분은 안전을 위한 크램폰이 안

화이트아웃으로 하얀 어둠에 갇힌 정상. 다행히 가까이서 찍은 인물 사진은 선명하다.

정상에서 지은이와 이세중(왼쪽)이 'ZAZAN'이라는 등반팀 페넌트를 들고 기념사진을 찍었다.

전을 위협했을 가능성이 높다.

정상을 몸속에 담는다

갑자기 외침이 들린다. "서미트!" "와우!" "서미트!" 영어권의 어느 팀이다. 목소리가 셋이다. 웃는지 우는지 모르겠다. 우리도 덩달아 희열에 빠진다. 둥그런 능선 끝에서 걸음을 멈춘다. 북미 대륙의 정수리다.

우리 셋은 꼼짝 않고 섰다. 더 가면 안 된다. 전후좌우 어디로도 가선 안 된다. 하얀 어둠 속에 갇혔지만 기분은 환하게 밝다. 폐소 공포증의 반대말이 있다면 이런 기분을 담고 있을 것이다. 우리 셋은 누가 먼저랄 것도 없이 로프를 당긴다. 부둥켜안는다. 흥분을 가라앉히고 사진을 찍는다. 찍고 또 찍어도 하얗다. 하얀 암흑이다. 정상을 증명할 돌 조각 하나 없다. 정상을 몸속에 담기로 한다. 눈을 뭉쳐 입으로 녹여 삼킨다. 정상이 내 몸으로 스며든다.

내가 디날리다.

2008.05.23~06.08

Carstensz
4,884m

칼스텐츠

원시의 자연 속에서
'7대륙 최고봉' 완등

7대륙 최고봉을 오르는 여정의 마지막, 오세아니아의 최고봉 칼스텐츠 등정 행로에 올랐다. '여정'이라 했지만 우리가 흔히 말하는 의미의 여행은 아니었다. 에베레스트에서는 생사의 문턱을 넘나들었고, 디날리에서는 제대로 시도하지도 못하고 무너지기도 했다. 빈슨에서는 순간적인 판단 실수로 설맹과 동상을 입었다. 하지만 나에게는 분명 여행이었다. 어차피 여행일 수밖에 없는 인생의 후반 한 길목에서, 익숙한 것들과 결별하고 새로운 세상을 만나는 여행. 어떤 여행보다도 극적이었다. 이 여행을 하지 않았다면 만나지 못했을 많은 사람들을 만났다. 보고 듣고 상상하는 것으로는 경험할 수 없는 세계였다.

　나에게 칼스텐츠 등정은 오세아니아 최고봉을 오르는 것에 한정되지 않는다. 7대륙 최고봉이라는 커다란 산의 마지막 봉우리로서의 칼스텐츠를 오르는 것이다. 퍼즐 맞추기에서 마지막 한 조각은 찾을 필요가 없듯이, 이미 오른 여섯 봉우리가 나를 이끌고, 나는 그저 따라가기만 할 뿐이다. 7대륙 최고봉 등정을 꿈꾸지 않았다면 칼스텐츠를 오르는 일은 없었을 것이다. 이미 오른 여섯 개의 산이 여기까지 나를 데리고 온 것이다.

지구 표면은 약 71%의 바다와 29%의 육지로 이루어져 있다. 엄밀한 의미에서 볼 때 대륙조차도 섬이라 해야겠지만, 우리는 보통 5대양 6대주로 바다와 육지를 분류해 왔다. 지금은 남극 대륙이 지리 인식 체계에 들어와 7대륙으로 구분한다. 7대륙 가운데 하나인 오세아니아는 오스트레일리아^{호주}를 중심으로 뉴질랜드와 파푸아뉴기니를 비롯한 태평양의 여러 섬을 묶어 대륙으로 분류한 지리적 명칭이다. 7대륙 가운데 가장 작다. 1만 개가 넘는 섬을 다 합쳐도 브라질 정도의 면적에 불과하다. 과연 이런 곳을 대륙이라 할 수 있을까 하는 의문이 들지만, 지리적 범주 설정의 효용으로 이해하는 것이 좋을 듯하다.

오세아니아는 대양주^{大洋洲}라고도 한다. 대양주라는 이름은 오세아니아가 대양을 모체로 한 땅임을 강력히 환기한다. 오세아니아는 대양이 낳은 땅이다. 당연히 큰 바다 가운데서 고립된 채 오랜 세월을 보낼 수밖에 없었다. 그래서 지금도 오세아니아의 어느 곳에서는 천년 전의 시간이 머물러 있다. 그 시간은 원주민들의 삶 속에 살아 있다. 석기 시대의 시간과 현재가 공존하는 것이다. 칼스텐츠 산행은 시간 여행이기도 하다.

서로 구경거리가 된 원주민과의 첫 만남

경비행기가 활주로를 찾아 내려앉기 시작한다. 사람들이 몰려오는 것이 보인다. 뛰어오는 사람, 걸어오는 사람, 칼을 찬 사람, 활을 든 사람. 모습만으로도 원주민임을 단박에 알겠다. 그들은 비행기 착륙 지점을 잘 알고 있는 듯하다. 비행기는 원주민들의 착륙 유도(?)에 따라 무사히 지상에 날개를 접는다. 칼스텐츠 등반 기점인 수가파Sugapa 2,000m 마을이다.

트랩을 내리면서부터 원주민들의 집중적인 시선을 받는다. 나 또한 그들을 보지 않을 수 없다. 대부분 맨발에 반바지와 티셔츠 차림이다. 개중에는 아무것도 입지 않고 코테카Koteka, 깔때기 모양의 남자 성기 덮개만 한 남성도 있다. 실제로 보는 건 처음이어서 저절로 눈이 간다. 훔쳐보는 듯한 부담감과 어쩔 수 없는 호기심의 줄다리기. 그들은 아무렇지도 않은데 나만 심리적으로 우왕좌왕하는 것이다. 단순한 호기심이라 할지라도 타인의 특정 부위를 바라보는 것은 무례한 행동이다. 어쨌든 원주민과 우리 일행이 서로 구경거리가 된 첫 만남이다. 7명의 대원들은 수백 명의 인파에 떠밀리듯 숙소로 향한다. 원주민 전통의 초막이려니 했는데 양철 지붕의 목조 건물이다. 유일한 현대식 가옥이다.

로스앤젤레스에서 출발, 인도네시아의 수도 자카르타에서 하루를 지내고 발리와 티미카를 거쳐 이곳까지 3일 동안 총 28시간을 날아왔다. 대원들의 국적은 나를 포함 미국 3명과 스페인, 캐나다, 멕시코, 폴란드 각각 1명씩 모두 7명인데 남성 4명, 여성 3명으로 구성됐다. 모든 일정의 진행은 상업 등반 회사인 어드벤처 인도네시아Adventure Indonesia가 맡는다. 등산 출발지인 이곳 현지에서 합류한 2명의 인도네시안 가이드가 대원들을 돕고 원주민 포터들을 이끈다.

/대륙 최고봉 완등이 대원들의 공통된 목표다. 이들 중 프랜시스Francis Langlois, 캐나다는 남극 대륙의 빈슨, 라몬Ramon Diaz, 스페인은 빈슨과 에베레스트를 남겨 놓고 있다. 젊은 커플인 데니스와 폴Denis & Paul Fejtek은 함께 등반 중이다. 안나Anna Lichota,

겉도 속도 꾸밈없는 뉴기니 원주민들.
내가 만난 세상 사람들 가운데 가장 좋은 사람들이다.
이들의 현재 국적은 인도네시아다.
하지만 이들에게 국적이라는 것이 무슨 의미가 있을까?

^{폴란드}와 크리스티나^{Christina Robles, 멕시코}는 여성 대원이다. 이번 등정을 끝으로 나는 '7대륙 최고봉 등정자 세계 300인^{Top 300 7 Summitters in the world}'에 들게 된다.

얼굴에 웃음이 떠나지 않는 사람들

야자수를 얼기설기 묶은 대문은 주변 환경과 잘 어울린다. 문 밖은 원주민들로 북적거린다. 문이 열려 있는데도 누구 하나 안으로 들어오지 않는다. 밖으로 나가 마을을 둘러보고 싶어졌다. 가이드에게 원주민 남성들이 칼을 차고 활을 들고 있는데 밖으로 나가도 괜찮겠냐고 묻자 전혀 문제될 게 없다는 듯 빙긋 웃으며 고개를 끄덕인다. 남성 포터를 앞세워 집을 나선다. 나와 원주민이 서로를 바라본다. 이들의 시선은 나 한 명에 집중되지만 나는 여러 사람을 볼 수밖에 없다. 눈이 바빠진다.

이곳에서 나의 언어는 소음에 불과하다. 그렇다고 해서 원주민과의 소통이 전혀 불가능하지는 않다. 그들과 나 사이의 거리는 눈 맞춤 한 번으로 즉시 좁혀진다. 눈빛으로 부족하면 몸짓이 거든다. 나를 둘러싸는 원주민이 점점 늘어난다. 수십 명이 그림자처럼 나와 함께 움직인다. 마치 내가 사람들의 중심이라는 착각이 들 정도다.

원주민들의 얼굴엔 그늘이 없다. 검붉은 입술은 크게 웃고, 하얀 치아는 정답게 웃고, 까만 눈동자는 빛나게 웃는다. 웃음이 얼굴에서 떠나지 않는다. 이들의 웃음에 전염된다. 서로 보며 웃는다. 그저 웃는다. 본능적으로 느낄 수밖에 없었던 약간의 긴장감도 웃음이 거두어 간다. 마음의 여유가 생기자 마을 이곳저곳이 시야에 들어온다.

오늘은 일주일에 한 번 열리는 장날이다. 장터에 물건은 없고 수백 명의 사람들만 옹기종기 모여 있다. 여성들은 대부분 옷을 입고 있지만 가슴을 드러낸 모습이 드물게 보인다. 남성들 가운데는 티셔츠와 반바지 차림도 있고, 코테카만이 가린 것의 전부인 사람도 있다. 어린이들이 코테카를 한 모습은 귀여워 보이고 앙증맞기까지 하다. 아이들은 사진을 찍어도 싫어하는 기색이 없다. 오히려 카메라 속에 들어 있는 자신들의 모습이 신기한 듯 다들 먼저 보려고 나선다.

정글에서 울리는 찬송가와 코란

아침 잠결에 스피커 소리가 들린다. 전기 시설이 있을 것 같지 않아 설마 했지만, 분명히 스피커 소리다. 가만히 귀 기울여 보니 찬송가다. 한동안 계속되더니 다른 소리로 바뀐다. 코란을 읽는 소리다. 모두 한곳에서 들려온다. 잠이 깬김에 일어나 예배당을 찾아 마을을 둘러보지만 끝내 소리의 출처를 찾지 못했다.

　원주민 마을에 찬송가와 코란이라니. 매우 이질적인 것 같지만 알고 보면 일상의 한 부분이다. 이곳에는 세 종교가 공존한다. 토착 종교, 토착화된 기독교^개_{신교, 가톨릭}, 이슬람교가 그것이다. 기독교는 19세기 초부터 20세기 중반까지 네덜란드의 지배를 받은 결과다. 성경으로 총칼을 정당화시킨 서구 제국주의의 공식은 이곳에서도 착실히 지켜졌다. 제국주의 시대가 막을 내린 뒤에도 이곳 원주민들의 시련은 끝나지 않았다. 제2차 세계대전 이후에도 네덜란드의 지배를받다가 1969년부터 인도네시아의 영토로 편입됐다. 인도네시아는 2억 7,000여만 명 인구 중 90%가 무슬림인 세계 최대의 이슬람 국가다.

　아침을 먹고 있는데 집 밖에서 무리를 지은 사람들의 발소리가 들린다. 뭔가

구호를 외치는 것 같기도 하다. 궁금해서 나가 보려고 하는데 가이드가 막는다. 마당에서 내다보니 칼과 창, 활로 무장한 젊은 남성 백여 명이 어디론가 몰려간다. 몸에 걸친 건 코테카뿐이다. 분위기를 보아 하니 사냥터로 가는 것 같지는 않다. 그들은 전사다. 인도네시아로부터 독립을 추구하는 '자유파푸아운동^{OPM}' 단체의 무장 조직 전사들이다. 그들의 시각에서 보자면 독립군이다. 그런데 총을 든 군인은 아무도 없다. 이들이 처한 힘의 불균형 상태를 단적으로 보여 준다.

정상을 향한 8일간의 정글 탐험

전쟁통에도 아이는 태어나고 전투를 하면서도 밥은 먹어야 하듯이, 자유파푸아운동 단체 지지자들은 독립운동을 하고 우리는 우리의 길을 가야 한다. 칼스텐츠 산행을 시작한다. 베이스캠프^{4,335m}까지 6일간 정글 트레킹을 한 다음 베이스캠프에서 하루 휴식하고, 8일째 등정하는 일정이다. 이곳 수가파의 고도는 2,000m. 내 손목시계의 고도계를 이 높이에 맞춘다. 이 지역에서 공식적으로 확인된 고도는 이곳 수가파와 베이스캠프 그리고 정상, 세 군데뿐이다.

현지에서는 칼스텐츠를 푼착자야^{Puncak Jaya}라고 부른다. 인도네시아어로 '승리의 산' 또는 '영광의 산'이라는 뜻이다. 칼스텐츠라는 이름은 20세기 초 네덜란드 사람들이 1623년 이곳을 처음 탐험한 네덜란드인 얀 칼스텐츠^{Jan Carstensz}를 기리는 의미에서 명명한 것이다. 얀 칼스텐츠는 적도에서 불과 4도 남쪽에 위치한 열대 지역인데도 만년설이 있는 걸 보고는 '적도 지역의 얼음'이라고 이름 붙인 탐험 보고서를 남겼다. 수카르노가 집권했을 때에는 그의 이름을 따서 수카르노산으로 개명되기도 했다. 현재는 현지 이름을 존중하는 추세에 따라 푼착자야라는 이름으로 바뀌어 가고 있다. 구글 지도에는 푼착자야로 표기돼 있다.

칼스텐츠는 오스트리아 산악인 하인리히 하러[Heinrich Harrer]에 의해 1962년 초등된 이래 현재까지 모두 13개 루트가 만들어졌다고 하는데 정확한 지도는 없다. 고도와 거리, 캠프 사이트 등 등반 정보가 막연하다. 각 출발지와 베이스캠프 및 정상, 세 곳만 확실하다. 가다가 멈춰 텐트를 치는 곳이 곧 캠프가 된다.

칼스텐츠를 오르는 가장 쉬운 방법은 칼스텐츠 남쪽의 소도시 티미카에서 헬기로 20분가량 날아서 베이스캠프에 도착한 다음 4~5시간 만에 등정하는 것이다. 우리 팀은 수가파에서 출발하여 밀림을 뚫고 가는 방식을 택했다. 대원들은 정글 트레킹을 낭만 여행 정도로 생각하는 듯하다. 글쎄, 그렇게 될지는 두고 볼 일이다.

우리 팀은 7명의 대원과 가이드 2명, 쿡 2명, 포터 31명 등 모두 42명으로 구성됐다. 포터들은 자의든 타의든 모두 옷가지를 걸쳤다. 일이 끝나면 대부분 옷을 입지 않는 본래의 생활 방식으로 돌아간다고 한다. '돈'이 잠시 동안 사람을 바꾸어 놓는 것이다.

내 것 네 것이 없는 사람들

산행의 초입은 산길이라기보다는 마을길에 가깝다. 원주민들이 사는 마을을 지난다. 주거지는 둔덕 위에 자리 잡고 있다. 수렵과 채집으로 살아온 조상의 유전자를 이어받은 이들은 침입자로부터 자신을 보호하기 위해 주변을 훤히 볼 수 있는 곳에 집을 지었다. 뿐만 아니라 수시로 폭우가 쏟아지므로 높은 곳이 여러모로 유리하다.

원주민들이 방목하는 돼지. 이곳의 유일한 가축이다.

아이들과 주민들이 집 밖으로 나와 우리들을 구경한다. 하나같이 입에 뭔가를 물고 있다. 사탕수수다. 씹고 있던 사탕수수를 우리들에게 내민다. 무언가라도 주고 싶어 하는 것 같다. 그 마음이 고마워 엄마의 허리춤에 안긴 아이 손에 사탕을 쥐어 준다. 낯설어 하거나 싫어하지 않는다. 이들에게는 내 것 네 것이라는 소유 개념이 명확하지 않은 것 같다.

돼지들이 집 주변 곳곳을 돌아다닌다. 우리들에 대한 경계심도 없다. 돼지 말고는 눈에 띄는 가축이 없다. 이 마을에서는 방목하는 돼지가 유일한 가축이라고 한다. 어느 초막 앞에서 세 아이가 뛰어온다. 우리 팀의 포터 한 명이 마주보며 달려간다. 포터가 아이들을 얼싸안으려는데 여의치 않다. 짐을 몸 앞뒤로 멨기 때문이다. 아이들이 포터의 양팔에 안긴다. 포터는 보따리에서 간식이 든 비닐봉지를 꺼내 아이들 손에 쥐어 준다. 오늘 먹을 자신의 행동식이다. 우리가 가져온 가공식품이다. 포터의 아이들은 아빠가 지나갈 것을 알고 기다린 것이다. 헤어지며 서로 손을 흔든다. 마중과 배웅을 함께한다. 부부는 다정한 눈빛을 나눈다.

원시림 곳곳에서 연기가 피어오르고 있다. 화전을 위해 피운 불이 스콜Squall 때문에 제대로 타지 못하기 때문이다. 정글 즉 열대우림은 식물의 생장 속도가 지나치게 빨라서 토양에 질소가 고정되지 못하고, 높은 강우량 탓에 땅 표층의 영양분이 씻겨 나간다. 이런 이유로 정글은 농사를 짓는 데 불리하다. 그래서 열대우림을 '녹색 사막'이라고도 하는데, 그 말의 의미를 실감한다.

야자수와 바나나는 어디서든 눈에 띈다. 주렁주렁 매달린 바나나 뭉치가 꽃다발 같다. 아직 덜 익은 진한 녹색도 있고, 껍질을 활짝 벌린 노란색도 있다.

정글의 수풀에서 휴식하는 등반대와 원주민 포터들.

무르익은 바나나에서 달콤한 냄새가 진동한다. 군침이 돈다. 입에서 녹는 향기다. 먹지 않았는데도 포만감을 느낀다.

습도가 높아 무척 후덥지근하다. 모두들 땀으로 샤워를 한다. 낮에 증발한 습기는 늦은 밤이나 이른 아침에 비를 뿌린다. 오늘 새벽에도 한바탕 내렸다. 정글에서는 스콜이 지나가도 시원하지 않다. 워낙 열기가 높아 비가 내린 다음 더 후끈해진다.

산적(?)과의 조우

갑자기 숲속에서 괴성이 들려온다. 한곳에서 들리는 소리가 아니다. 새소리, 동물 소리, 북소리, 풀피리 소리 등 온갖 소리가 요란하게 오가는 것으로 보아 약속된 신호인 것 같다. 몇 년 전 이곳 정글에서 어느 산악인이 살해됐다는 신문 기사를 읽은 적이 있다. 그 기사에서는 '산적'의 소행이라 했다. 한국의 어느 여성 산악인이 등반을 포기하고 귀국했다는 소문도 있었다. 아마도 그들인 것 같다.

내 뒤에서 따라오던 폴란드 여성 안나가 극도로 긴장한다. 어떻게 해야 할지 망설이고 있는데 벌거벗은 남자 한 명이 긴 칼을 휘두르며 불쑥 튀어나온다. 숲속에서 외치는 소리는 더 커지고 칼을 든 남자는 가까이 다가온다. 안나의 얼굴이 하얗게 질린다. 도망을 가든 맞서든 모든 게 불리한 상항이다. 상대의 의중도 모른 채 살려 달라고 애걸할 수도 없다. 여권과 지갑 등은 수가파에 보관해 놓고 와서 귀중품은 없다. 지금 내가 갖고 있는 것은 카메라와 간식뿐이다. 얼떨결에 주머니에서 사탕을 꺼내 남성에게 건넨다. 거절하지 않는다. 마음이 좀 놓인다. 이번엔 카메라 속에 있는 원주민들을 보여 준다. 이것도 싫어하지 않고 자세히 본다. 아는 사람인가 아닌가를 확인하는 듯하다. 칼을 쥔 손이 느슨하다. 이 손으로 사람을 죽인다? 어떻게든 우리 팀이 올 때까지 시간을 끌면 험한 꼴은 당하지 않을 것 같다. 뒤에 오는 포터 중에 촌장에 해당하는 사람이 있다는 것에 희망을 건다. 괴성이 요란해진다. 뭔가를 뺏든 받아 내든 빨리 상황을 끝내라는 재촉인 것 같다. 거의 혼이 나간 안나를 안심시키지만 바들바들 떠는 걸 멈추게 하는 데는 소용이 없다. 나 또한 태연한 척하지만 애가 타고 겁이 나기는 마찬가지다. 마침내 포터들이 다가오는 모습이 보인다. 그 중 한 명이 심상치 않은 분위기를 알아차렸는지 급히 달려온다. 이들의 우두머리임에 틀림없다. 숲속이 조용해진다. 상업 등반 회사는 등산로가 지나는 마을 사람들과 그 우두머리를 포터로 고용해서 혹시 있을지 모르는 원주민들의 공격에 대비한다. 아주 쓸모 있는 보험이다.

그런데 이들을 산적이라 할 수 있을까. 원주민들에게는 우리가 인식하는 것과 같은 국가 개념이 없다. 뉴기니의 고산에서는 같은 언어를 쓰는 종족이라 할지라도 혈연과 같은 친밀도가 높은 관계로 맺어진 사람들끼리 촌락 단위로 살아 왔다. 각각의 마을은 이웃이면서 경쟁 관계였다. 과거에는 예사로 전쟁이 벌어졌다. 이들은 중앙 집권적 추장이 다스리는 수준의 사회 조직을 가져 본 적이 없다. 이렇게 살아온 사람들에게 우리와 같은 외부인은 경계 대상이 아닐 수 없다. 이웃 마을조차도 영역을 침범하면 전쟁을 불사하던 사람들이었던 만큼, 이들의 문화는 존중되어야 한다. 비자 없이는 한 발짝도 국경을 넘을 수 없는 것을 생각하면 이해 못할 것도 없다. 이런 이해 없이 과잉 대응을 하는 것은 화를 자초하는 일이다. 그들은 산적이 아니다. 예전처럼 생존을 위해, 자기 방어를 위해 칼을 드는 것 같지는 않다. 자기 정체성을 지키기 위한 안간힘이 아닐까 싶다. 민속촌을 지어 놓고 돈을 받는 공연이 아니라 날것 그대로의 다듬어지지 않은 퍼포먼스라 생각해도 무방할 것이다. 그걸 산적이라 정색하는 것은 단지 활을 들었다는 이유만으로 미사일을 겨냥하는 것과 같지 않을까.

정글 속의 저택

첫 번째 캠프에 도착한다. 텐트를 친 캠프가 아니라 이 지역 일대를 관장하는 촌장의 집이다. 저택이라 해도 좋을 만큼 크다. 질척거리는 산길에서 벗어나 높직한 곳에 자리 잡고 있다. 여기까지 오는 데 5시간 걸렸다. 그런데도 해발 고도는 출발지보다 고작 200m 높은 2,200m다. 400m를 내려갔다가 다시 오르는 길이었기 때문이다.

집주인인 촌장은 아내 4명, 자녀 24명을 두었다. 큰아들은 열일곱 살인데 며칠 전 막내 아이를 풍토병으로 잃었다고 한다. 40세가 조금 넘은 중년으로 보이는 촌장은 이웃 마을까지 영향권에 둔, 촌장들 중에서도 우두머리 격이라고 한다.

집의 본채 앞뜰에는 배구 네트가 매어져 있다. 촌장의 집답다. 이곳에까지 자본주의의 영향이 미치고 있다는 증거다. 뒤뜰에서는 정수 시설을 겸한 커다란 물탱크가 있다. 야자수의 잎으로 지붕을 덮은 창고 처마로 떨어지는 물이 물탱크에 모이도록 시설을 해두었다. 물탱크는 수위를 조절할 수 있게 바닥, 중간, 상단 세 곳에 구멍이 뚫려 있다. 오래된 물과 침전된 불순물을 하단에서 빼고 새 물을 상단에서 받아 사용한다. 상당히 과학적이다. 실내에도 나무를 깎아 만든 여러 개의 물통에 물이 찰찰 넘친다. 대나무를 물탱크에 연결해 집 안으로 끌어들였다. 창고에는 감자, 옥수수, 사탕수수 같은 농작물과 각종 열대 과일이 가득하다. 자물쇠는 보이지 않는다. 아예 문이 없다.

가족들이 생활하는 집은 나무줄기로 벽을 둘러 친 원형이다. 지붕은 야자수 잎을 길이로 겹겹이 덮어 빗물이 잘 흘러내린다. 실내 공간은 30여 명의 대가족이 함께 먹고 놀고 잠 잘 수 있을 정도로 넓다. 한복판에는 둥근 모양의 커다란 화덕이 있다. 둘러앉아 모닥불 쬐면서 음식을 만들어 먹고 놀다가 자고 싶으면 그 자리에 눕는다. 바닥에 깔린 마른 잎이 침구다. 신발은 신지 않는다. 만져 보니 나무껍질처럼 단단한 굳은살이 두툼하다. 이렇게 사는 이들에게 스트레스나 걱정거리가 있을 리 없다. 이들에게는 과거와 현재와 미래 같은 시간 개념도 없을 것 같다. 이런 삶이 언제까지 지속될 수 있을지는 모르겠지만, 이들을 문명화하는 것에 어떤 의미가 있을까?

원주민 아이의 선물

이틀째. 아침 햇살이 따갑다. 두 명의 여성 대원이 양산을 펴 든다. 하지만 하늘은 한 시간을 못 넘기고 표정을 바꾼다. 밀림은 금방 어두워지고 무지막지하게 비가 쏟아진다. 양산이 우산으로 바뀌지만 제구실을 잃는다. 온 세상이 폭우의 블랙 홀로 빨려 드는 것 같다.

질펀했던 땅바닥이 무릎까지 물이 차는 늪지로 바뀐다. 등산화는 무용지물이다. 가이드도 어떻게 대처해야 할지 모르는 듯 쩔쩔맨다. 이런 경험을 해본 적이 없는 모양이다. 어디를 봐도 비를 피할 곳이 없다. 나무 밑으로 피해 봤자 더 굵어진 빗줄기에 시달릴 뿐이다. 그렇다고 무작정 나아가는 것도 무리다. 이러지도 저러지도 못하고 있는데 몸이 스르르 수풀 속으로 빠져든다. 늪이다. 빨리 빠져나가려 하지만 마음만 급할 뿐 다리를 빼내기가 쉽지 않다. 더 빠져들까봐 조심하며 겨우 밖으로 나온다. 늪의 언저리였기 망정이지 아니었다면 끔찍한 일이 벌어졌을지도 모르겠다. 모두들 누가 누군지 분간하기 어려울 정도로 엉망진창이다. 그래도 서로 얼굴을 보며 깔깔거리고 재미있어 한다.

폭우가 그치고 조금 더 걷자 캠프2에 도착한다. 고도계는 2,600m를 가리킨다. 기압으로 높이를 측정하는 방식이므로 실제 고도는 더 높을 것으로 짐작한다. 오늘도 민박이다. 우리 일행 중 한 명인 포터의 집이다. 그가 먼저 집에 도착하여 집 안 화덕에 불을 지펴 놓았다. 초막의 내부는 어제보다 좁지만 열 명 넘게 묵을 수 있을 정도로 넉넉하다. 화덕가에서 옷을 말려 보지만 너무 젖어 별 효과가 없다. 그래도 천장이 높직하고 벽 틈에서 바람이 들어와 견딜 만하다.

초막에서 나와 집 이곳저곳을 둘러본다. 이 집 사람들은 어떻게 살고 있을까. 헛간 같은 별채에는 연기가 자욱하다. 지붕에서도, 벽에서도 연기가 새어 나온다. 헛간에서 세 살쯤 된 아이와 엄마가 모닥불을 쬐며 뭔가를 구워 먹는다. 나를 보고 싱긋 웃는다. 손님인 나를 환대한다는 의미인 것 같다. 나도 옆에 앉아 불을 쬔다. 어색해하지 않는다. 아이는 감기가 심한지 기침을 하면서 누런 코를 흘린다. 이들이 굽고 있는 것은 감자다. 아기는 땅콩만 한 열매를 모닥불 속에서 꺼내 입에 넣고 오물오물 씹다가 껍질은 뱉고 씨를 먹는다. 아이 엄마가 말없이 손을 내민다. 구운 감자다. 맛있다. 나는 아이 엄마에게 쿠키로 답례한다. 아이 엄마가 받으면서 웃는다. 이번엔 아이가 입속에서 씹어 껍질을 벗긴 씨앗을 손바닥에 받아 내게 준다. 무척 고맙지만, 순간적으로 고민에 빠진다. 받아야 하나 말아야 하나. 받으면 먹어야 할 테고, 안 받으면 아이에게 상처가 될 것이다. 설사 아이가 상처 받지 않는다 해도 나는 이미 나 자신에게 실망하고 있다. 만약 상대가 아이가 아니라면 정중히 거절할 수 있겠지만, 아직 아이는 어른들 세계의 건조한 예의 같은 것에 물들지 않았다. 군색하지만 아이디어가 떠올랐다. 일단 받아서 사탕 껍질에 싼다. 그 다음 '고맙다'는 내 마음을 아이가 잘 볼 수 있게 등산복 주머니에 넣는다. 나중에 먹겠다는 뜻으로 이해한 아이는 기쁜 듯 입꼬리를 올리며 생긋 웃는다. 까만 눈빛에도 웃음이 매달렸다. 나는 주머니에 있는 사탕을 몽땅 꺼내 아기의 손에 쥐어 준다. 넘쳐 떨어지는 건 아이 엄마에게 맡긴다. 이렇게 하고 나서도 빚 진 기분을 떨칠 수 없다.

문명과 미개의 역전

사흘째. 아침은 늘 쾌청하다. 흙탕물에 젖은 옷을 힘껏 짜서 다시 입는다. 오늘 시작 지점은 어제 지나온 늪지와 달리 경작지다. 질척거리는 경작지를 지나 다시 정글로 들어선다. 지난 이틀 동안 충분히 체험한 것 같은데 익숙해지지는 않는다. 대낮인데도 어둑어둑하다. 딛기 좋게 생긴 나무를 밟았는데 무릎까지 빠지면서 고꾸라진다. 발을 빼내려다가 더 깊이 빠진다. 나무가 썩은 줄 모르고 밟았다가 제대로 늪에 빠진 것이다. 한 대원은 허리까지 빠졌다. 어제 빠져 봐서 요령을 터득했다. 움직일수록 더 깊이 빨려 들 수 있으므로 허우적거리지 않아야 한다. 가이드가 줄을 던져 끌어당겨 준 덕분에 어제보다 쉽게 빠져나온다.

　신발과 옷의 효용성에 대해 심각한 회의에 빠진다. 무용지물이 아니라 오히

하루에 한 번씩 어김없이 비가 내리고 골짜기마다 급류가 흐른다.

려 거추장스럽다. 왜 원주민들이 코테카만 걸치고 맨발로 다니는지 이해가 된다. 그들은 자신들에게 최적화된 옷을 입고 있는 것이다. 여기서 분명히 해둘 것이 있다. 열대 지역 원주민들을 보고 벌거벗었다고 해서는 안 된다는 것이다. 그들은 벗지 않았다. 입지 않았을 뿐이다. 벗었다는 건 우리 기준의 편견이다. 그렇지만 나는 그들을 따라하지 못한다. 물에 젖은 신발이 무거워도, 젖은 옷이 자유로운 활동을 방해하고 땀을 더 흘리게 해도 벗지 못한다. 관습이나 예의, 체면 문제만은 아니다. 맨몸, 맨발로 정글을 견뎌 낼 만큼 단련되지 않았기 때문이다. 문화는 상대적인 것이다. 정글에서는 나야말로 미개인이다.

물 위에서의 하룻밤

물 흐르는 소리가 숲길 아래에서 들린다. 무언가 두 다리를 잡아 끌어당길 것 같아 섬뜩하다. 나뭇가지와 잎으로 얽혀 있는 바닥 아래로 구멍이 보인다. 엎드려 들여다본다. 물은 보이지 않는다. 물소리로 짐작컨대 꽤나 깊어 보인다. 비유적 의미로 워터 크레바스라 할 만하다. 혹시 썩은 나무둥치와 가지가 무너지면서 물속으로 빨려 들어가지 않을까 싶어 덜컥 겁이 난다. 재빨리 물러난다.

11시간 동안 물지옥 같은 정글을 헤치고 나와 수풀에 텐트를 친다. 캠프3이다. 해발 높이는 대략 3,000m쯤이다. 텐트를 쳤지만 약간의 아늑함도 느낄 수 없다. 몸을 움직일 때마다 텐트가 씰룩거리고 바닥에서 물이 스며든다. 설산에서 바람에 요동치는 것과 같다. 텐트를 옮겨 봐도 마찬가지다. 최후의 수단은 포기다. 죽은 셈치고 버티는 것 말고는 방법이 없다. 내일은 오늘보다 낫겠지, 하는 기대만이 유일한 위안거리다. 그래도 지구상에서 가장 외진 정글에서 원시 그대로의 시간을 베고 누워 하룻밤을 보낸다는 것은 경이로운 체험이다.

녹초가 된 대원들은 저녁도 먹는 둥 마는 둥하고 죽음처럼 잠에 빠졌다. 몸이 축축해져 깨어나 보니 텐트 바닥이 물에 잠겨 있다. 침낭도 잔뜩 물을 머금고 있다. 물을 퍼내 보지만 이내 차오른다. 그런데도 잠이 온다. 다시 눈을 뜨면 몸의 반쯤은 물에 잠긴 상태다. 대충 물을 퍼내고 다시 물보다 깊은 잠 속으로 빠져든다.

과거 같은 현재, 열등한 나

나흘째. 올망졸망한 봉우리를 몇 개 넘었다. 한결같이 능선은 미끄럽고 계곡은 질퍽하다. 밀림의 하늘은 낮다. 상승한 습기는 구름을 만들어 하늘을 끌어내리고 스콜로 되돌아온다. 단 하루도 어김없다. 3,300m 지점에 도착하여 텐트를 친다. 캠프4다. 오늘도 역시 나의 집터는 변두리의 버려진 곳이다. 어제도 그랬는데 오늘도 마지막으로 도착했다. 울퉁불퉁하고 축축한 자리가 내 몫이다. 내가 내게 실망한다. 덜 젖은 나뭇가지를 주워 바닥에 깔아 평평하게 다듬고 에어 매트리스에 공기를 채운다. 물기 젖은 바닥이 조금 높아졌다. 이곳에서 내가 나를 북돋울 수 있는 높이의 한계다. 유럽인들이 뉴기니를 정복하지 못한 이유를 알 것 같다.

이곳 원주민들의 삶의 모습에는 일정 부분 석기 시대가 존재한다. 하지만 이들이 시대착오적으로 과거를 살고 있는 건 아니다. 이들은 현재에 충실하다. 과거와 같은 현재가 이곳 환경에서는 아직도 적합할 따름이다. 현재 인도네시아 정부는 적극적으로 자국민의 이주 정책을 펴지만 도시에 한정될 뿐이고 고지대의 대부분은 원주민들이 차지하고 있다. 험준한 지형, 과다한 강우량, 한정된 식량 자원 등 불리한 조건들이 원주민들을 지켜 주고 있는 것이다. 여행자로서 나에게 불편한 것들이 이곳 사람들에게는 갑옷이다. 이곳에서 나는 열등한 인간이다. 이렇게 인정하고 나니 마음은 좀 편안해진다.

마침내 정글을 벗어나다

닷새째. 늪지 트레킹이 정말 지겹다. 헬리콥터 등산을 택할걸. 후회막심이다. 나뿐 아니라 모두 같은 마음이다. 하산할 때도 이렇게 빗속에서 늪지를 허우적거려야 한다는 건 생각만 해도 끔찍하다. 하산 길조차 즐겁기는 틀렸다. 무슨 방법이 없을까? 대원들이 모여서 아이디어를 짜낸다

구조를 요청하자. 허황된 꿈이다. 이곳에 구조대와 구조 헬기가 있을 리 없다. 좀 더 가면 정상 근처에 세계 최대 규모를 자랑하는 구리 광산이 있다. 도움을 청하자. 어림없는 희망이다. 접근 자체가 어려울 뿐 아니라 보안을 이유로 등반객을 싫어한다. 미국 시민이 셋이나 있다. 미국 대사관에 SOS를 치자. 가당찮은 얘기다. 최종안이 나왔다. 상업용 헬리콥터를 부르자는 것이다. 모두 동의한다. 가이드가 상당한 금액을 요구하지 않겠냐며 예상 금액을 말한다. 그래도 좋다. 그러나 마지막 희망마저 허물어지고 만다. 어렵사리 전화 연결이 됐으나 예약이 꽉 차 여기에 올 헬기가 없다는 것이다. 한 대원이 실망하며 말한다. "양 떼는 양 떼의 길로 간다." 다른 대원도 체념을 담아 말한다. "우리들의 길은 늪지다."

드디어 고생길이 끝난 것 같다. 바위가 보인다. 정글을 통과한 것이다. 비로

소 단단한 땅을 밟는다. 나무도 보이지 않는다. 팀버라인을 넘었다. 정글에서의 고역은 이제 과거사가 됐다. 구름 사이로 봉우리가 보인다. 오세아니아 대륙의 최고봉이다. 라몬스페인이 흥분하여 말한다. "깜짝 희망봉Surprise Peak of Good Hope." 지금 분위기에 딱 어울리는 표현이다. 글쟁이시나리오 작가의 표현력은 뭔가 다르다.

캠프5에 도착한다. 가이드는 이곳의 고도를 알고 있는 듯 3,900m라고 알려준다. 그런데 내 고도계는 400m가 낮은 3,500m를 가리키고 있다. 저기압 때문이다.

친구가 보여 준 아름다운 바위꽃

엿새째. 베이스캠프에 입성하는 날이다. 안개 자욱한 새벽녘에 출발한다. 해가 뜨자 안개가 걷힌다. 절벽이 앞을 막고, 에메랄드빛 호수가 나타난다. 바람 한 점 없다. 거울 같은 수면에 아침 햇살과 절벽이 앉아 있다. 물속의 절벽이 실물보다 더 선명하다. 혹시라도 수면이 흐트러질까 봐 몸놀림마저 조심스러워진다. 호수와 쌍둥이 절벽을 배경으로 첫 단체 사진을 찍는다.

오십 줄이 넘어 보이는, 머리와 수염이 하얀 포터가 가이드와 함께 앞서 절벽241m을 오른다. 포터들의 리더이고 포터들 중 나이가 가장 많다고 한다. 절벽 곳곳에 크랙이 많다. 수목 한계선을 넘었는데도 절벽 틈에는 식물이 듬성듬성 보인다. 키 작은 나무와 잎사귀가 넓은 풀이 섞여 있다. 나무는 작달막하지만 통통하다. 바위틈에서 분재처럼 자랐기 때문인 것 같다. 악조건에서, 그것도 수목 한계선 위에서 자랄 수 있는 건 호수의 영향이 아닌가 싶다.

작은 나무와 풀을 홀더 삼아 절벽을 오른다. 풀잎을 잡고 오르는 암벽 등반은 처음이다. 멀리서 볼 때와는 다르게 그리 위험하지는 않다. 무사히 올랐다. 바위 위에 앉아 오랜만에 편안한 자세로 풍경을 감상한다. 호수의 물빛은 더 깊어 보인다.

정상 주변에 드문드문 눈이 보인다. 바위와 눈이 이렇게 반가운 적은 없다. 돌길을 걷는다. 이번 산행 중 처음이다. 푹신푹신한 느낌이다. 늪에서 벗어났다는 사실이 비현실적인 감각을 만들어 낸 것이다. 또 다른 절벽이 앞을 막는다. 옆으로 돌아간다. 널찍한 반석이 나타난다. 저절로 엉덩이를 내려놓고 싶게 만든다. 역시 푹신하다. 이번엔 데니스가 외친다. '워터 프리Water Free!" 물의 노예 상태에서 벗어난 자의 해방 선언이다. 폴도 참지 못한다. "예스! 노 모어!" 더 이상 물의 감옥으로는 들어갈 수 없다는 절규다. 나도 물에 젖었던 마음을 활짝 펼친다. "늪지 해방!" 눈이 곳곳에서 꽃가루를 뿌린 듯 빛난다.

멀리 앞쪽으로 포터들이 보인다. 처음 보는 포터들의 이동 장면이다. 정글 속에서는 볼 수 없었던 모습이다. 그동안은 앞서가는지 뒤따라오는지도 잘 몰랐다. 그들은 있는 듯 없는 듯, 소리도 내지 않고 움직였다. 그런데도 몇 번인가 내 배낭을 들어 준 포터가 있었다. 어떻게 알았는지 내가 힘들어 할 때마다 다가와서 도와줬다. 꼭 필요할 때마다 나타나는 샘물이나 바람 같았다.

포터의 리더와 보조를 맞춰 돌길을 걷는다. 말을 하지 않아도 마음을 주고받는 데는 아무런 문제가 없다. 오랜 친구처럼 느껴진다. 허리 높이 정도로 솟은 바위 앞에서 친구가 멈춘다. 내게 뭔가를 보여 주려 한다는 걸 알아차렸다. 시선을 따라가 보니 양탄자처럼 보드라운 돌이끼가 알록달록한 꽃을 소담히 피워 놓고 있다. 이 친구와 동행하지 않았다면 무심코 지나쳤을 것이다. 우리는 BC

원주민과 함께 걸은 덕분에 만난 바위에 핀 이끼꽃.

까지 발을 맞추어 걸었다. 끊임없이 눈빛으로 수다를 떨었다.

문자와 숫자가 낯설다

BC에 입성한다. 초입에 세워진 나무 팻말이 이채롭다. 알파벳과 아라비아 숫자가 적혀 있다. 'BASE CAMP ELEVATION: 4,330m.' 낯설다. 며칠이었지만 정글에 대한 체감 시간은 열 배, 백 배도 더 되었던 모양이다. 이곳이 얼마나 문명 세계와 단절된 곳인지, 정글의 기운이 얼마나 강렬한지를 일깨운다.

고맙게도 먼저 도착한 포터들이 호숫가에 텐트를 쳐 놨다. 에메랄드빛 호수 곁이다. 큰 상을 받은 기분이다. 호수 가까운 쪽 숲에서 연기가 솟아오른다. 포터들이 모닥불을 피우고 있다. 천막을 쳐 두긴 했는데 찢어진 면이 더 넓다. 모닥불에 구운 감자와 껍질째 익힌 옥수수를 주는 대로 받아먹는다. 내 개인용 간식은 이미 바닥이 나서 답례할 수 있는 게 없다. 염치없지만 맛있게 먹는 모습과 웃음으로 때울 수밖에 없다. 한동안 어울리다가 내 텐트로 돌아온다.

슬리핑백에 몸을 담는다. 오랜만에 맛보는 편안한 잠자리다. 꿈만 같다. 딱딱한 땅바닥이 이렇게 포근할 수 있다니. 참으로 인간은 환경의 지배를 받는 동물이라는 걸 또 느낀다. 단 6일 간의 정글 생활이 편리와 안락함의 감각마저 바꾸어 놓았다.

나에게 산이란 무엇인가?

이 산의 등정 실패율은 0%다. 누구나 시도하면 성공한다는 얘기다. 헬기로 접근하면 정글을 헤쳐 나가지 않아도 된다. 나는 지금 7대륙 최고봉 완등을 앞두

베이스캠프에서 원주민 포터와 함께.
포터들 가운데 가장 강한 사람이다.

고 있다. 특별한 변수가 없는 한 이틀 후면 칼스텐츠 정상에 설 것이다. 이미 등정한 기분이다. 다른 대원들도 나와 같은 마음인 듯하다. 텐트마다 불빛이 환하다. 텐트 안에서 부스럭거리는 소리도 멜로디를 타는 것 같다. 앞 텐트에서는 일기를 쓰는지 헤드랜턴 빛줄기가 고정돼 있다. 옆 텐트에서는 등정을 앞둔 소회를 녹음으로 남기는 듯 중얼거리는 소리가 들린다.

새삼스러운 질문을 해야 할 때가 된 것 같다. 나에게 산이란 무엇일까? 7대륙 최고봉 등정을 결심한 후 미친 듯이 산에 올랐다. 국내외를 가리지 않았다. 집에서 산으로, 산에서 집으로. 시계추처럼, 등산 기계처럼 산을 오르다 보니 어느덧 실버 세대로 들어서 있다. 무엇이 나를 이토록 산에 몰입하게 한 것일까.

산이란 무엇일까? 알려고 노력하지 않았다. 그냥 산을 다녔다. 그러나 이젠 산이 뭔지 알아야 할 것 같다. 7대륙 최고봉 등반 릴레이가 끝나는데, 이날 이때까지 산이 뭔지 모른 채 산에 다녔다면, 그건 아니라는 생각이 든다. 흔히 산이 거기 있어서, 산에는 뭐든지 있어서, 산이 불러서, 건강을 위해서, 돈이 들지 않아서, 습관 때문에 등등 많은 이유와 답을 수없이 들었지만 내가 찾는 답, 내게 어울리는 답은 아직 없다. 이젠 알아야 한다. 누가 내게 산이 뭐냐고, 왜 가느냐고 물으면 머뭇거리지 말아야 한다. 쉽게 한 마디로 대답할 수 있어야 한다. 집으로 가기 전까지 기필코 내게 맞는 답을 찾아야지, 마음먹는다.

찬송가와 코란, 그리고 '내 탓이오'

포터들이 있는 곳에서 합창 소리가 들린다. 이 산중에서 설마? 귀 기울여 보니 포터들의 합창이 확실한데, 처음 듣는 소리다. 그동안엔 정글의 흡음력과 빗소리에 묻혀 듣지 못했을 수 있다. 찬송가다. 수가파에서 스피커로 들었던 것과 같다. 그때는 선교 행위려니 하고 넘겼다. 찬송가에 이어서 코란을 읊는 소리가 들린다. 서너 명쯤 되는 목소리다. 이번엔 손으로 가슴을 치는 소리가 들린다. 우리 식으로 하면 '내 탓이오' 하고 자신의 가슴을 치는 가톨릭의 고백 기도다. 한곳에서 기독교, 이슬람교, 천주교가 사이좋게 어울리면서 행하는 신앙 행위를 어떻게 이해해야 할까. 그것도 이 깊은 정글의 산속에서. 종교의 힘과 식민지 종주국의 집요한 동화 정책에 혀를 내두르고 말기에는 석연치 않다.

인류가 이루어 온 사회의 변천 과정을 무엇이라 이름 붙이든 혈연 중심의 씨족 사회에서 소규모 부족, 중앙 집권적 대규모 부족^{부족장, 추장}, 국가로 바뀌어 왔다. 이 과정에서 개인 대 개인, 부족 대 부족 간의 폭력은 국가가 폭력을 독점함으로써 마무리되었다. 포터들에게 공존하는 기독교, 천주교, 이슬람교는 식민국의 변화를 반영하는 한편 이들의 목숨이 국가에 종속돼 있다는 걸 의미한다. 이들의 종교는 신념에 따른 선택이 아니라 식민 정책의 결과다. 포터들은 아무렇지도 않게 찬송가를 부르고, 코란을 읽고, 내 탓이오 하며 기도하지만 그들을 보는 내 마음은 무겁다. 결코 정글의 주인다운 모습은 아니지 않은가.

산은 나를 나 자신으로 살게 한다

이레째. 정상 등정을 앞두고 쉬는 날이다. 내일이면 마침내 7대륙 정상을 완등한다. 칼스텐츠를 마지막으로 남겨 두길 잘했다. 최종 테이프를 확실하게, 아름답게 끊을 수 있어서다. 하늘은 파랗고 햇살은 따스하다. 4,000m가 넘는 고지대이지만 한기가 없다. 환상적인 휴식 조건이다. 쌓였던 피로가 말끔히 사라

에메랄드빛 호숫가의 베이스캠프.

진다. 젖은 옷과 장비를 말린다. 반바지 차림으로 햇살 샤워를 한다. 원주민이 된 기분이다. 포터들은 어제처럼 차례로 예배를 올린다. 동참하고 싶었지만 방해될 것 같아 참는다.

산이란 무엇인가? 왜 나는 산을 오르는가? 하루 종일 골몰한다. 지난 시간을 반추해 본다. 지구 곳곳의 산길을 걸었다. 하늘과 땅 그리고 나, 이렇게 셋의 동행이었다. 산길을 걷는 동안 나는 대지와 굳건히 연결된 존재였다. 산은 높든 낮든, 그곳이 어디든, 내가 서 있는 바로 그곳을 대지의 얼굴로 만들었다. 산에서 나는 하늘과 얼굴을 마주한다.

엘브루스 정상에서 나는, 프로메테우스가 인류에 불을 전해 주기 전에 먼저 한 일이 인간을 '직립'시키는 일이었다는 것을 떠올렸다. 물론 인간의 직립은 진화의 결과다. 신화는 직립함으로써 인간이 인간다워졌다는 점을 통찰한 것일 뿐이다.

나는 성취욕을 위해 산을 오르지 않았다. 그건 젊은 사람들의 몫이다. 나는 그런 걸 추구하기에는 이미 늦어 버린 나이에 산을 오르기 시작했다. 명예는 보통 명성과 비례하므로 그것 또한 성취욕이 강할 때나 탐할 대상이다. 물론 7대륙 최고봉을 완등하고 나면 나는 자부심을 느낄 것이다. 나는 그 감정에 충실할 것이고 소중히 간직할 것이다. 그렇지만 그것은 내가 산을 오르는 의미의 일부일 뿐이다.

산에서 나는 오롯이 나였다. 힘에 부치고 죽을 것 같은 순간일수록 나 자신이 되었다. 산을 오르면서 나는, 나를 구속하고 닦달했던 모든 것들이 나를 나이게 한 소중한 것들임을 깨달았다. 산은 나를 나 자신으로 꼿꼿이 서게 했다.

사고 때문에 온전치 못한 다리조차도 나를 바로 세우게 만들어 주었다. 산은 나 자신을 바로 보게 하고, 나의 눈으로 세상을 보게 한다. 산은 나를 나 자신으로 살게 한다. 산은, 내가 바로 서면 그곳이 정상임을 일깨워 주었다.

등산은 굳건히 대지에 서는 일

여드레째. 7대륙 최고봉 최종 등정일이다. 새벽 2시. 가이드 1명과 대원 7명. 모두 8명이 헤드랜턴 불빛으로 밤길을 열어 나간다. 달빛도, 별빛도 없다. 불빛은 선명하게 직진한다. 들리는 건 숨소리와 발소리뿐이다. 다행히 날씨가 좋아서 진눈깨비나 눈발은 보이지 않는다. 절벽이 앞을 막는다. 넓고 홀더가 많아 오르기 편하다. 등반 난도는 요세미티 체계로 5.0~5.6쯤 된다. 5.10이 아마추어 최고 난도이므로 어렵지 않다. 그래서 고정 로프는 설치하지 않은 것 같다.

　새벽 3시 30분. 돌산이 계속 이어진다. 곳곳에 로프가 설치돼 있지만 오래된 듯하다. 대원들은 믿음이 가지 않고 오히려 방해가 된다며 이용하지 않는다. 어둠이 벗겨지는 자리에 안개가 스며든다. 눈이 쌓인 바위가 드문드문 보인다. 만년설은 아니다. 메렌 빙하Meren Glacier는 안개에 갇혔다. 얼마 가지 못해 낭떠러지를 만난다. 길은 없다. 가이드와 쿡이 어제 이쪽 바위와 저쪽 바위를 로프 두 줄로 연결한 20~30m쯤의 티롤리안 브리지Tyrolean bridge를 설치해 놨다. 오늘 등반의 클라이맥스다. 대원이 로프에 매달린다. 두 로프 중 한 로프는 풀고 다른 로프는 당겨 공중에서 이동하는 방식인데 티롤리안 트레버스Tyrolean traverse라고 한다. 아무도 무서워하지 않고 즐긴다.

　아침 8시. 정상으로 이어지는 울퉁불퉁한 바위 능선을 오른다. 짙은 안개 속

등정 직전 진눈깨비가 내리는 상황에서 바위 양쪽에 연결한 두 줄의 로프를 이쪽에서 당기고 저쪽에서 푸는 티롤리안 트레버스 방식으로 낭떠러지를 건너고 있다.

칼스텐츠 정상에 선 지은이. 7대륙 최고봉 완등의 순간이다.
이로써 '7대륙 최고봉 등정자 세계 300인(Top 300 7 Summitters in the world)'에 들었다.
할아버지가 손주에게 주는 선물이 될 수 있다면 그것으로 족하다.

에서 키 높이 정도의 바위가 불쑥 나타난다. 이 바위만 올라서면 더 오를 곳이 없다. 오세아니아 대륙 최고봉, 칼스텐츠^{4,884m} 정상이다. 내가 먼저 등정하라고 대원들이 양보한다. 대원들이 박수를 보낸다. 내겐 우레 같은 갈채다.

정상에 선다. 내 머리는 오세아니아 대륙이 하늘과 가장 먼저 만나는 곳에 있다. 7대륙 정상을 향한 3년간의 여정이 마침내 끝났다. 정상에 비치되어 있는 등정자 연명부에 이름을 남긴다.

SUNG IN YI. Sept. 25 '08'. 눈물이 난다. 참으려 할수록 더 터져 나온다. 이 순간 내게 이곳은 7대륙 정상이 하나로 뭉친 지구의 꼭짓점이다. 허리를 펴고, 고개를 들고, 두 팔을 높이 올린다. 7대륙 정상 등반은 끝났다. 하지만 아직 가야 할 산이 하나 더 남았다. 제8대륙 정상, 집.

등산은 한 걸음의 진실이다. 동네 뒷산이든 에베레스트든, 한 걸음 한 걸음 쌓아 올려야 한다. 등정은 좀 특별한 한 걸음일 뿐이다. 높이 오르는 걸음일수록 받쳐 주는 다리가 튼튼해야 한다. 등산은 오로지 나 자신으로 굳건히 대지에 서는 일이다.

2008.09.13~10.01